建立弱訊號敏感度，掌握策略自由度，
突破產業框架，搶先在新的競技場創造成長

策略轉折點
競爭優勢

SEEING AROUND CORNERS
How to Spot Inflection Points in Business Before They Happen

Thinkers50 卓越成就獎策略大師

莉塔·岡瑟·麥奎斯

Rita Gunther McGrath —— 著

許恬寧 —— 譯

我最後某一次和母親海格黎安‧岡瑟（Helge-Liane Gunther）交談時，母親費了好大的勁才說出對她顯然十分重視的事：「我以你為榮」。這句話聽起來稀鬆平常，但意義重大，非常重大。

我的母親非常了不起，她是當年很罕見的科學家。她的研究開闢嶄新的道路，數十年後依舊有人引用。此外，母親是我們家的核心靈魂支柱。

我希望能把她的精神傳承下去。

給我們的女兒安（Anne）與其他發揮天賦的傑出女性：我以妳們為榮。

目 錄 CONTENTS

創新的未來，可以預先看見

克雷頓・M・克里斯汀生（Clayton M. Christensen）

　　我們現在已經很難回想那個年代，但事實上距今不久前，沒有人在談破壞（disruption），創新一度是只有少數人關注的利基主題。大家對於數位轉型會帶來的結果，依舊感到霧裡看花。三十年前，我們的世界就是那樣。

　　然而，即便是在當時，已經有幾個人感到早期的警訊很明確。我和本書作者麥奎斯在 1980 年代末，兩個人都在讀博士班，她在華頓商學院，我在哈佛。我們兩個人都有預感，企業如何能成功的基本理論假設，即將面臨重大挑戰。我這一方提出的主要概念是當領導者面對我日後談的「創新者的兩難」（innovator's dilemma），「管理卓越」反而會導致企業失敗。麥奎斯則認為，按照一般流程來執行不確定性極高的計畫，將是一大陷阱。我們兩人的概念在 1995 年同時登上《哈佛商業評論》。

　　我和麥奎斯挑戰當時的正統說法──事實上，我們今日依舊在挑戰，例如所謂的市占率高是好事。我和麥奎斯會

問，市占率是什麼意思？「產業」這個概念原本就是人為的分類。任何企業面臨的最重要的競爭者，通常是沒被綁手綁腳的市場進入者，他們根本不曉得所謂的「業界」期待他們做什麼。處理這種現實狀況有可能是極大的挑戰，不過實用的理論將能提供策略方針，描述是哪些因素導致事情發生、背後的原因是什麼。

聽見「理論」或「理論上」幾個字，經常給人一種「不切實際」的感覺，但理論向我們指出因果關係，說明是哪些行動引發哪些結果、原因是什麼，也因此**好理論其實高度實用**。管理者每次擬定計畫或採取行動，自然是假設可以獲得預期中的結果，也因此他們努力涉獵理論。我們愈理解事情發生的原因，就愈能協助管理者了解在這樣的情況下，理應這樣做，但碰上那些狀況則該那樣做。因果關係讓看似隨機的事物，得以揭開神祕的面紗，提供預測的依據。

提出任何實用理論的第一步，永遠是先找出正確的分類方式。我先前的研究發現試圖預測購買行為時，產品或人口統計區隔是錯誤的分類法。管理大師杜拉克（Peter Drucker）有一句名言：「顧客很少購買企業自認在賣的東西。」就是這句話，讓我發現「用途理論」（theory of jobs to be done），也就是民眾購買產品與服務的目的，其實是試圖改善生活。人們一旦發現有需要完成的事，就會想辦法「雇用」（或解雇）能完成那件事的產品。

　　麥奎斯具有極強的洞察力。她依據相關研究提出新類別，基本上打破了數十年來的策略思維，不再認為「你所在的產業決定了你的命運」。麥奎斯建議改採「**競技場**」（arena）的角度來思考，而不是產業，也就是說市場不再由產品類別來定義，而要看人們試圖在生活中完成哪些事。這個概念替面臨破壞性變革的管理者，提供了更有力的分類方式。

　　麥奎斯接著除了闡述什麼是成功的創新，也解釋方法。她的「發現導向的規劃」理論（discovery-driven planning），協助管理者在找出未來的同一時間管控風險。我長期深信此一理論的力量，除了指定我在哈佛商學院的學生閱讀，在我共同創辦的 Innosight，我們的策略顧問工作也廣泛運用此一理論。

　　創新不必是痛苦的碰運氣。雖然破壞永遠在前方的不遠處等著，管理者在規劃路線時不須盲人摸象。本書將帶大家看到，如何進一步了解、甚至預測創新接下來將會為我們帶來什麼發展。

2019 年春天

如何乘策略轉折點的巨浪而起，不被滅頂

李全興

數位轉型顧問／商業好書說書人

諾基亞、柯達、奇異（GE），這三家企業，有什麼共通點？答案是，他們都曾經盛極一時，是行業中的領導品牌，但也都由盛轉衰，未能在策略轉折點出現時妥善因應，因而失去市場與顧客，就此殞落。

《策略轉折點競爭優勢》要帶給讀者們一個重要的觀念：企業在察覺「策略轉折點」出現時，必須能夠辨識這將會對其現有立足點帶來極大轉變，是衝擊，也是機會，因此必須思考以下幾個問題：

1. 如果我們設法利用它，對我們來說會產生什麼效益呢？
2. 我們要怎麼做，才能把它轉換成機會？
3. 我們要如何著手進行？

如果你認為科技是變化的主因，那麼你可能會錯失許多機會，策略轉折點的產生未必與新技術與科技有關，「社會創新」的影響經常遠大過許多的「技術創新」。管理大師杜拉克在其著作《創新與創業精神》中提出，創新的機會來自於以下七項來源，同樣也適用在思考策略轉折點的發生：

1. 意料之外的事件：包括意外的成功、意外的失敗，與意外的外部事件
2. 實際狀況與預期狀況之間的落差
3. 基於程序需要的創新：像是流程中的瓶頸或關卡
4. 產業結構或市場結構上的改變出其不意地發生
5. 人口統計數據觀察到的變動：例如少子化、高齡化，造成人口結構改變
6. 認知、情緒和意義上的改變：像是社會由追求快時尚轉變成追求永續等等。
7. 新知識：包括科學的與非科學的

企業之所以會忽略「策略轉折點」，原因在於：人們傾向認為持續了相當長時間的事情與狀態屬於「正常的」，而且會「永遠」不變、永遠存在。因此與這些預期不符的事，就會被視為不合理以及反常。對企業的挑戰是：通常管理者會專注於例行業務的營運與解決既有問題，未必會投注資源

或注意力在意外的機會上，甚至會想「導正」意料之外的狀況，把意料之外的情況視為必須改善的錯誤，而不會認為這可能是創新機會的來源。

《策略轉折點競爭優勢》提出幫管理者「看見」策略轉折點已經出現的方法，包括重視第一線人員所察覺的市場變化、組織納入多元觀點、進行各種嘗試與實驗、積極創新、勇於承認無知與錯誤、接受「改變正在發生」的事實。這些未必是你的組織已經習慣或者正在運用的方法，但若要避開威脅、掌握機會，就必須學習並開始落實。

要有效因應策略轉折點，答案並不會來自於神來一筆的聰明靈感，企業必須適應與開發市場，並非把現在做的事藉由優化做得更好，而是要做出不一樣的事，也就是發展創新。《策略轉折點競爭優勢》書中提出「創新精練階梯」的做法，幫助管理者鍛鍊組織的創新精練度，一階、一階地踏上機會的峰頂。

若策略轉折點如同巨浪，那麼是會乘浪而起？還是因巨浪而滅頂？端看經理人的決策，若能運用本書提供的方法，相信會為企業與管理者在過程中，提升成功的機率。

預判轉折點警訊，掌握先行者優勢

雷浩斯

價值投資者／財經作家

我是投資人，投資就是應對未來，未來不可知，但是未來事件只有三種分類：「好、壞、不好不壞」。

未來事件既然這三種之情境之一，因此未來就是一種機率分布。投資就是在機率分布上面下注，賭你能夠用降低風險的方式得到最高的獲利。

但是很不幸的，厄運好像都會突然發生，那是因為我們總是賭好運產生的最高獲利，盡量避開風險虧損。我們的潛意識裡不想看到壞運，但是壞運總是突然發生，一如雪山的美景化為雪崩，使我們沒頂，不過這又和企業競爭有什麼關係？

答案在於：「轉折點」，雪崩之前必定會累積徵兆，就像本書第 1 章中提到「矽谷之父」英特爾創辦人葛洛夫所言：「雪會從邊緣融化。」

當「邊緣」累積到臨界值的時候，就會發生「轉折點」，只是你無法精準地預測幾時轉折點會發生，因為臨界值無法數據化觀察。但是你可以藉由觀察警訊，事先做好準備，那麼你就擁有了先行者優勢。

聰明的企業都懂得讓自己變成學習型組織，盡可能扁平化，從企業前端搜集「邊緣」資訊，然後從使用者可能有的痛點，以專案的方式射出子彈，命中痛點之後在集中資源打出大砲，讓先行者優勢轉化為競技場中的羅馬劍，只要你能夠讓組織靈動如蛇，那麼就能變化應對所有的情境。

優勢讓組織壯大，但是壯大的組織也有可能會衰退，本書提供了清單來讓你驗證是否發覺到組織邁入衰退，也有許多的實證工具來讓你搜集資訊。我個人很喜歡書中吉列刮鬍刀、Netflix 和微軟的案例實證，這些案例為我們對模糊的理論提供有利的理解。

「未來已經發生，只是尚未平均分布。」這是本書中我很喜歡的一句話，投資就是應對未來，未來預測者的辯證執行在投入資金之中，你願意為你的看法投入多少錢？而你的看法要多久才能實現？還沒實現之前你可能看起來是錯誤的，那麼讓你堅持到底的訊息來源為何？支撐的理論又是為何？本書提到的「觀察邊緣」、「策略轉折點」、「競技場」這些重要觀念，絕對是能強化你認知框架的有力武器，讓你在充滿不確定性的未來之中站得更穩。

　　這是一本令人讚嘆的好書，無論是想要研究企業策略盛衰，或者是想探查未來趨勢的人，都必需要看這本書。

作者序

莉塔・麥奎斯

本書最初於 2019 年 9 月在美國上市，正好是四大轉折點即將進入高潮的前夕。如今回想起來，這四個息息相關的轉折點，將帶來多麼巨大的影響，再明顯不過了，但當時感覺起來卻不是那樣。我們理論上都知道，相關議題值得關切，也有弱訊號在暗示，世界正在出現重大轉變，警訊每天都更大聲一點，但大環境的氛圍不是那樣。

2019 年發生了很多事。原本關切氣候變遷議題的人士，主要是科學家、環保人士與瑞典少女葛莉塔（Greta Thunberg）等行動人士，但就連聯準會與美國保險監理官協會（National Association of Insurance Commissioners）等政治中立的經濟團體，也開始將這個主題納入預測。此外，許多美國人原本就對種族關係平權的進展感到懷疑，多數民眾不認為川普政府在這個議題上，朝著正確的方向前進。收入不平等的問題，也早在 2011 年的「占領華爾街」（Occupy Wall Street）抗議行動期間，引發普遍的關切。相關研究記錄下程度驚人的富者愈富，收入門檻底下九成的大眾則陷於日趨貧困。在美國，可負擔的健康照護引發極大的爭議。政

府是否該負起責任，確保國民的健康，更是很大的爭執點。而且，即便從蓋茲（Bill Gates）到多位前美國總統，每個人都預警全球有可能出現大規模流行病，未雨綢繆的計畫卻未落實，甚至遭到刪減或取消。

接著那一天便來了。

先是漸漸的，接著突然間，隨著9月過去，進入10月，進入11月、12月，在迎接2020年的慶祝活動中，環境、正義、經濟與健康等四大轉折點一下子爆開。先是有幾則報導指出，某種不尋常的疾病正在中國武漢快速傳開。

大部分的人不以為意，照常過日子，但世界衛生組織（WHO）在1月9日關切，這種神祕的肺炎，有可能源自SARS或MERS（中東呼吸症候群）等新型的冠狀病毒。大型機場在1月決定篩檢發燒的中國旅客，接著美國通報第一起病例，首度證實這種疾病會人傳人，病例數大增，迅速傳開。WHO在1月31日發布公共衛生緊急事件，3月11日因為符合疾病致死、持續性的人傳人，以及在全球蔓延等三個必要條件，宣布已達全球大流行的程度。

接下來發生的事，大家都知道。我們經歷了恐懼、全球封鎖、數不清的悲劇死亡、被偷走的學校學年，以及消失的慶祝與社交活動。疫情前的所有正常生活，幾乎全被破壞一空。社會上爆發種族與社會正義的抗議活動，很少人料到情況會如此慘烈。如果說收入不平等的問題原本就獲得關注，

疫情帶來的經濟效應，更是一下子讓這個議題變成眾矢之的。此外，氣候變遷持續毫不留情地推進。近日令人無法忽視的極端氣候例子，包括德州在 2021 年初的冬日降下數百英里的冰雪，缺乏防範措施的電網失靈，成千上萬的民眾碰上停電，據傳死亡人數超過百人。

我們有辦法事先預測這一切嗎？沒辦法。

一切是否有跡可循，可以事先做好準備？可以。

本書主要就是在談這個問題。**我們不可能精準預測未來會發生什麼事，但的確可以思考可能出現的未來。除了趁機抓緊機會，也能減少發生不幸事件的可能性**。然而，如果要做到這點，我們的心態將得非常不同於一般的商業與生活思維。

策略轉折點代表著超越任何組織或機構的外在力量，帶來 10 倍的改變。換句話說，相較於你先前碰過的一切事情，這種力量的強度、速度或影響範圍是 10 倍。轉折點會摧毀理所當然的假設，過往的成功配方不再適用。不論我們是否願意，我們將不得不學著適應，才有辦法在轉折點找上門時，控制一夕之間一切全被改寫帶來的震撼。

話雖如此……

事實上，轉折點很少一下子從天而降。如同本書會談到，我們一開始先會接收到摻雜著大量雜訊的弱訊號，接著訊號逐漸增強，最終成為既成事實。此外，我們很少會在開

頭便意識到轉折點帶有的意涵。拿這次的疫情來講，雖然疫情似乎讓很多人措手不及，其實不但有人預測過會發生疫情，甚至早在武漢出現第一名染疫者之前，全球的衛生官員在討論爆發此類疫情的可能性時，已經不是在研究「會不會發生」，而是精準地研究「何時會發生」。

　　本書的每一章都提供練習，協助大家克服自身的盲點與認知偏誤，不堅持己見，接受各種可能的未來所蘊含的可能性。我們需要前往重大轉變開始發生的「邊緣」，接受潛在的不確定性，打造早期的預警系統，留意逐漸增強的弱訊號。一旦到了不得不採取行動的爆發時刻，即便只是逐步改善，我們必須開始建立聯盟，帶著組織一起前進。我們必須依據領先指標迎向未來，而不是落後指標。以上的相關做法全都提示了如何能以更理想的方式領導，過著更美好、機會更豐富的生活。

　　不論接下來會發生什麼事，我們必須善用所有的相關能力。我期盼一路上能陪伴各位，開展新篇。

寫於美國紐澤西普林斯頓樞紐站

2021 年 4 月 22 日

寫給台灣讀者的話

莉塔・麥奎斯

　　身邊發生的事如果嚇了我們一跳，原因通常是我們在想像未來時，未能考慮到各式各樣的可能性。轉折點感覺像是突然冒出來，但研究一下就會發現，事情在引爆前通常有著很長的醞釀期，畢竟早在 1962 年，卡通就已經出現飛天車，但自動駕駛車現在才成真而已！

　　本書的目標是協助大家，即便身處疫情與其他全球挑戰的不確定性，也能看見早期的警訊與弱訊號。在轉折點來臨時，就已經考慮過可能性，至少也有心理準備。如同著名科幻小說家吉布森（William Gibson）的口頭禪：「未來已經來臨──只是尚未平均分布。」你因此有機會「參觀」未來。

　　本書將帶大家一覽如何以各種經得起時間考驗的務實方法，提升偵測弱訊號的能力。本書將鼓勵大家參觀自家組織的「邊緣」。那些地方已經開始產生變化，但起初感覺微不足道。我將解釋領先指標與落後指標的差別，協助各位建立早期的預警模型，替各種「零點」事件做好準備，找出今日就該蒐集的資訊。此外，本書還會教大家如何拋下產業的思維，改從競技場的角度來思考。

轉折點會改變我們的工作生涯，個人生涯也一樣。所有人都受到全球疫情影響。我鼓勵大家利用這次的暫停機會，質疑原本的假設，好好思考自己的下一個策略性行動。祝各位好運！

寫於紐澤西普林斯頓

2022 年 7 月 11 日

預見策略轉折點

若干年前，葛洛夫（Andy Grove）在他的經典之作《10倍速時代》（*Only the Paranoid Survive*）中，介紹策略轉折點（strategic inflection point）的概念。葛洛夫指出，「策略轉折點是指一個企業的基本構成要素即將發生變化的時候。」許多人的確是以這樣的方式體驗到轉折點——就在此刻一切出現不可逆的變化。

然而，探究策略轉折點真正的本質後，就會看見不同的故事。情況類似於海明威的《太陽依舊升起》（*The Sun Also Rises*）中，小說人物邁克（Mike Campbell）回答自己是如何破產的。「先是漸漸的，」邁克描述，「接著突然發生。」

轉折點指的是商業環境發生變化，大幅改變你的活動中的某個元素，造成原本理所當然的假設，開始搖搖欲墜。某地的某個人看見端倪，但他們的話太常不被當成一回事，而那個充耳不聞的人可能就是你！

本書將協助大家看見策略轉折點帶來的機會，好讓你、你的團隊、你的組織能加以運用。本書主要談三大概念：

◆ 你碰上的引人注目的重大轉折點，其實九成九已經醞釀好長一段時間。

◆ 轉折點可以帶來機會：如果能早點看出來，或更理想的情況是由你親自推動，轉折點將是策略的一大助力。

◆ 你可以運用發現導向的成長腳本（discovery-driven growth

playbook）工具，盡量增加機會。

讓我們來看具體的例子。

想像一下，有一個部門僅服務五分之一的潛在顧客。現在再想像，有一個重大改變將造成競爭者不必冒多少險，就能以利潤極高的方式，滿足剩下的需求。想像一下，那個部門的年營收大約是 80 億美元，而過了轉折點後，營收將是 5 倍。換句話說，轉折點發威時，競爭者要是夠聰明、富有遠見，身處正確的位置，就能搶占 400 億左右的營收。

儘管轉折點經常被描繪成既有企業的顛覆破壞者，但摧枯拉朽帶走過時的技術與模型後，實際上創造出龐大的嶄新空間。著名經濟學家熊彼得（Joseph Schumpeter）數十年前就說過，一個部門中的既存者，永遠暴露於「創造性破壞的永恆風暴」，老舊過時的東西被掃地出門，迎來更加誘人的新事物。

聽力障礙的潛在市場

剛才描述的是真實存在的部門，也就是製造、開醫囑與驗配助聽器的事業。如果以協助有需要的民眾取得助聽器的標準來看，這個部門表現得相當不理想。研究人員指出，55

歲至 74 歲能受益於助聽器的成人，80% 沒有助聽器。就算有，許多人根本不戴。如果你曾擔心過老人家，試圖勸他們取得聽力的協助（誰不曾有過這種經驗？），你一定很熟悉這一塊的健康照護市場生態有多不便。

首先，助聽器價格不菲。《紐約時報》（*New York Times*）2017 年的報導指出，光一耳的助聽器，價格就介於 1,500 至 2,000 美元以上，而美國的聯邦醫療保險（Medicare）不補助助聽器。美國聽損協會（Hearing Loss Association of America）的執行董事凱莉（Barbara Kelley）表示，「我們每天接到的電話，民眾最常抱怨就是『我需要協助，我負擔不起助聽器。』」

然而，錢不是唯一的問題。美國的傳統助聽器事業由「食品藥物管理局」（FDA）管理，而現任者又牢牢把控著技術。聽力師、遊說聯盟，以及屈指可數的幾家製造助聽器的公司（一共 6 家，很快就會變 5 家），嚴重限制了聽力患者擁有的選項。現有的助聽器公司堅稱，對所有的患者來講，「黃金標準」才是最好的。如同某位觀察家所言，意思就是說你一定得過五關斬六將，接受一連串的診斷評估後，才能購買助聽器，包括耳鏡與骨導測試、噪音辨識語音測試、真耳測試／語音地圖（real-ear measurement/speech mapping）、聽力復健，以及實地選配助聽器。許多人就算有辦法走完這套流程，他們也感到有夠麻煩。

　　最後還有社會汙名的問題。民眾不喜歡戴助聽器的原因是擔心「顯老」。儘管證據強烈顯示他們需要聽力協助，要承認這種事很難。傳統型的助聽器通常外型醜陋突兀，有的甚至很吵，反正跟酷沾不上邊就對了。

　　我在這方面有過第一手的經驗。在某次的家庭聚會上，我問婆婆怎麼會有咻咻咻的怪聲音。我不曉得婆婆終於開始使用助聽器，那個不熟悉的噪音就是助聽器傳來的。我問了那句話後，婆婆一下子拔掉助聽器，塞進抽屜，我們在家的時候，她再也不戴。這對婆婆來講很可惜（我則感到煩惱）：使用助聽器、完整參與自己渴望的對話的好處，還比不上戴助聽器帶來的「尷尬」。要是早知道助聽器普遍有聲音，我會好好閉上我的嘴！

　　戴不戴助聽器不是小事。約翰霍普金斯醫院（Johns Hopkins）的佛朗克・林（Frank Lin）所做的研究發現，聽力喪失涉及發展中的失智症、社交隔離的風險上升，甚至與跌倒風險增加有關。未矯正的聽力喪失會讓最終的治療更難成功。此外，試圖聽清別人在說什麼，還會增加大腦的認知負荷，這顯然是牽一髮而動全身的社會與健康問題。

蓄勢待發的轉折點

助聽器事業的商業模式問題重重，然而自 FDA 在 1977年將助聽器列為醫療器材後，那個模式就幾乎不曾變過。助聽器先前通常被視為消費品，而部分品味不佳又誤導民眾的廣告和名人推薦，又強化了助聽器的市場定位。同一時間，通常將耳內式助聽器（需要放進個人的耳朵）交給聽力師銷售的做法，開始成為常態。由於市面上出現誤導人的宣稱，再加上一些不太理想的做法，利益團體開始提出警訊，促使 FDA 將助聽器列為醫療器材，必須遵守高度嚴格的製造與驗配規範。

高度受到管制（與高利潤）的助聽器事業目前的轉折點，源自 2003 年的兩份 FDA 公民請願書。FDA 的公民請願書，本意是為了方便個人與社群組織請求改變健康照護政策的流程。請願書本身並未立刻影響到助聽器的管理方式，但象徵著民意發生變化，推動相關器材走向「老花眼鏡」目前的做法，也就是隸屬於非處方藥項目，不需要處方箋便能販售的矯正鏡片。

不過，市場既存者不會坐以待斃。美國聽力學會（American Academy of Audiology）等團體建議，凡是能放大聲音的裝置都該納入 FDA 規範。按照字面的意思，那麼就連耳塞式耳機與頭戴式耳機，所有的東西都得納入管制。

　　儘管有著學會這方的勢力，消費者承受的成本與態度強硬的既存者，引發立志改革體系的特殊結盟。學會煞費苦心保留的監管架構，在 2017 年首度開始動搖。在典型的克里斯汀生風格的破壞中，新型技術證實已經「夠好」，正在觸及能受惠於聽力改善的客層。這就是克里斯汀生經常談的「與不使用競爭」（competing with non-use）。

破壞者搶進聽覺輔助產品版圖

　　雖然不是在販售助聽器——天啊，絕無此事——市場上不乏廠商提供業界所謂的「個人聲音放大器」（personal sound amplification product, PSAP）。這類產品不受 FDA 管制，只要想買就能買。更讓傳統的助聽器廠商擔憂的是，許多 PSAP 聽力輔助應用，效果其實不差，甚至更勝一籌。

　　舉例來說，經典的擴音器與抗噪耳機製造商 Bose，目前製造一款叫「Hearphone」的產品，售價在 500 美元左右。雖然這項產品的廣告，聽起來非常像是瞄準聽力受損的民眾（「我們希望協助您聽清對話中的每一個字」），Bose 一度強調那些裝置「絕不是助聽器」，以避開 FDA 的監管。然而，Bose 在 2018 年取得製造無需處方的自驗配助聽器許可，其他龍頭廠商也紛紛湧進市場，包括三星的 Gear IconX

耳機與蘋果的 AirPods 等等。那樣的無線耳機能讓你聽音樂、替運動計時，還恰巧可以連至手機或其他裝置上的聽覺功能 app。此外，數十家新公司也帶著協助工具，進入輔助產品市場，例如：Fennex、Petralex 與 Here One。在新創公司方面，Eargo 這項產品的靈感來自飛蠅釣，打造出真正的助聽器，你可以自行挑選，網路上即可購買，價格與人們較為熟悉的電子產品差不多。

從 80 億到 400 億美元的市場

不過講真的，為了一個向來乏人問津的市場，需要那麼激動，費那麼大的力氣嗎？嗯……

專家預測，即便是在目前必須接受監管的制度下，聽覺輔助產品事業在 2019 年可達 80 億美元。有的人說到了 2023 年會超過 90 億，而這正是策略轉折點值得留意的地方。從前很麻煩又昂貴的物品，如果變得方便又便宜，結果通常是需求暴增。從統計數字推論一下便可得知，聽力需要協助的人士，今日僅五分之一擁有助聽器，那麼等過了轉折點，人人皆可取得能自行調整、外觀又低調的聽覺輔助產品後，市場一下子可能是 5 倍大，或達 400 億。

此外，如同智慧型手機改變民眾的手機使用方式，聽覺輔助產品的用例可能產生相當巨大的改變。正如今日每個人

可能不只擁有一副眼鏡，民眾可能不只買一副助聽耳機。或許星期五晚上出門用餐戴的助聽耳機，外型與功能不同於星期日下午參加運動比賽的助聽耳機，甚至在家看電視也戴不一樣的。某樣東西一旦價格夠便宜，將有無限的可能性。

本書的各章節將一再提到，**若能趁早留意到正在出現轉變的微弱訊號，就能具備搶先起步的優勢。**企業如果有興趣進入無需處方的聽覺輔助產品事業，目前正是好時機，應該開始做準備，擬定計畫，不過提醒一下，這裡指的不是一下子砸大錢投資，而是做好準備。

轉折點發生的時刻是改變顛覆事業的基本假設，有人稱這樣的改變是 10 倍速變化。如同 Bose 與三星等廠商在非處方助聽器（不好意思說錯了，那不是助聽器）的市場空隙所做的事，在明確無誤的那一刻來臨時，應該集結軍隊，凝聚士氣，盡全力讓組織做好準備，迎接轉折點出現後的世界。

一點一滴出現，不是突然產生變化

轉折點出現的時間，有可能出乎意料地長。萊特兄弟在 1903 年 12 月 17 日，在北卡羅來納州的小鷹鎮（Kitty Hawk）附近，創下歷史性的首飛紀錄，在空中停留 12 秒，但《紐約時報》一直要到三年後，才首度提及兩人的事蹟。

事實上，一直要到 1908 年 5 月，才有記者認真關注此事，大眾這才知道，載人飛行不是很久、很久以後才會發生的事（曾有專家在 1902 年提出這樣的預測），這一天實際上已經來臨。從乘客運輸、顧問業、物流，甚至是國防，各行各業很快就會出現翻天覆地的變化。

轉折點會大幅改變運作系統中的競爭動態，帶來指數型的轉變，例如：大 10 倍、便宜 10 倍、方便 10 倍等等。轉折點的來源似乎無所不包，常見的引爆點包括：

◆ 技術變革
◆ 監管制度產生變化
◆ 社會可能性
◆ 人口變化
◆ 新連結（先前孤立的元素產生連結，常見於數位破壞）
◆ 政治變遷
◆ 其他眾多因素

轉折點的威力足以改變組織立足的基本假設。環境或組織周遭出現的變化，有可能帶來全新的創業機會。依舊照著舊有模式或舊假設運作的企業，有可能就此一蹶不振，而且相關效應通常會愈滾愈大，因為制度規範一般滯後於可能發生的事。

　　舉例來說，觀察一下近年來順利走過轉折點的企業，例如：亞馬遜、安泰（Aetna）、高知特（Cogniz-ant）、Adobe、富士軟片（Fujifilm）、帝斯曼（DSM）、戈爾（Gore）等等，這些公司大都不曾經歷急轉彎式的重大重組，只有太晚才發現環境已經改變的企業才會如此，例如：IBM、A&P、Sears、惠普（Hewlett-Packard）、戴爾（Dell），而在轉折點走錯路的話，整間組織會消失或變得無足輕重，例如：玩具反斗城（Toys "R" Us）、百視達（Blockbuster）、RadioShack。

　　此外，轉折點的進程並非線性，而是一波又一波間歇地進行，而且實際出現時，轉折點的重要性與可能帶來的影響，即便是理性人士也可能抱持不同看法。

　　然而，偉大的創業者與創新者，不會讓轉折點被動發生在他們身上，而會連結崛起中的可能性，深化顧客洞察力，探索新型技術，引發改變，懂得讓自己占上風，維持優勢。

轉折點發展 4 大關鍵階段

　　轉折點的發展有 4 個基本階段，包括炒作期（hype）、輕視期（dismissive）、形成期（emergent）、成熟期（maturity），過程近似於技術如何商品化的技術成熟度曲線（Gartner Hype Cycle）。

在最早的或許會出現轉折點的階段，你能做的最有生產力的事，就是辨識可能的重要早期警訊，加以留意。此時還不到下大注的時刻。

接下來，事情持續進展，早期階段進入**炒作期**。此時權威人士會開始宣稱，全球秩序將全面翻轉，但結果通常是泡沫破掉：在這階段相信炒作說法的人士會大力投資，抱持「搶著分一杯羹」的心態。2013 年到 2016 年的比特幣等區塊鏈貨幣風潮是很好的例子。人人衝向新興的競技場，全希望搶到一小塊他們期望中的龐大成長。

研究此階段的學者稱這種現象為「資本市場短視」（capital market myopia）。沙門（William Sahlman）與史蒂文森（Howard Stevenson）在 1987 年的著名個案研究中，描述數十家進入者如何一窩蜂投資，進入當時正在崛起的溫徹斯特硬碟（Winchester disk drive）產業。眾家企業都希望分到一小塊龐大的市場。然而，此時參與者做出的決定，從各自的角度來看有道理，但沒考慮到人人都這樣想的時候，所有人都做出相同決定將造成的集體結果。

炒作期有如希臘悲劇，幾乎永遠不會有好下場，有時甚至結局慘烈，帶來生命週期中的**輕視期**。先前在炒作期旁觀的每一個人，將採取「早就告訴你了」的觀點，幸災樂禍地表示：「不會有那麼一天。」然而，真正的機會通常發生在這個階段。在輕視期，將有幾個最初的進入者在大起大落中

活下來，奠定重大成長的基礎，建立可行的商業模式，找出新型的顧客需求並加以滿足，甚至有可能開始獲利。此時該考慮預先持股投資，探索可能出現機會的地方，以更迫切的態度正視轉折點。

輕視期過後通常是相較之下非常靜悄悄、但更「具體」的**形成期**。在這個階段，一路上持續關注的人士，將清楚看見轉折點將如何改變事情。此時你需要考慮大量的選項，讓自己就定位。不論最終是哪個預設的模型出線，你已經做好萬全的準備。

最後，轉折點會在**成熟期**完全顯露出來。如今每個人都明確看到這個轉折點將如何改變世界。沒做準備的組織，事業將走下坡。成熟期階段帶來成長機會時，你的組織最好已經蓄勢待發。

過了轉折點後，改變將全面進入日常生活。到了此時，許多人已經完全忘掉發生轉折前的世界。此時的任務是放棄不再有意義的資源，享受成功走過轉折點帶來的成長。

本書架構

本書的第一部分談「看見」正在出現的轉折點，描述組織如何能提出早期的轉折點警訊，動員起來，依據掌握的資

訊採取行動。本書的第 1 章將從葛洛夫所說的「雪會從邊緣融化」出發，介紹迅速回應的組織如何建立快速的橫向資訊流，飛快做出決定，即時回應大環境的挑戰。第 2 章解釋如何建立自家的早期預警系統，不只看見即將來臨的轉折點，也能決定正確的行動時間，得出關鍵的策略決策。

第 3 章談策略的組成元素，以及各元素該如何整合進組織的創新目標。此外，本章將介紹階層中的各級人員，如何能在策略的建立與執行過程中提供價值。有鑑於今日的改變步調與速度，策略創造不再只是管理團隊的事，必須動員整個組織，依據共同的未來觀點採取行動。

本書的第二部分探索面對重大轉折點時，組織如何能創造機會。第 4 章介紹瞄準競技場顧客的機制。當你受限聚焦於產業的傳統邏輯時，通常會看不見那些競技場。競技場的組成元素是顧客在特定的時間與地點「想做的事」，你因此知道如何能成為選項的提供者，協助顧客成功，從中獲取利潤。

第 5 章談如何消除顧客受到的限制，他們不再需要困在不滿意的體驗中，可以逃離先前的解決方案，全部跑來你這裡。第 6 章解釋如何提前做好規劃，抓住機會，方法是想出眾多假設，接著快速大量排除不可行的。本章說明你要愛上顧客遭遇的問題，這非常關鍵與重要，不要用同一招應對所有事情。套用「設計思考」的做法，協助站著腿會酸的人們，和單純設計一張椅子，兩者之間的差別是，前者的概念

會讓你的想像力，擁有更大更廣的發揮空間。

本書的第三部分提供綜合性的個人管理指南。當環境千變萬化，充滿各種可能的轉折點、一切高度不確定，此時的挑戰通常不是看出轉變即將出現（《財星》〔*Fortune*〕雜誌早在 1996 年就大談亞馬遜的可能性！），而是在做好讓組織脫胎換骨的轉型工作。此時會帶來「創新者的兩難」（innovator's dilemma）：**你需要轉型時，轉折點之前可行的制度與流程，有可能反過來成為你最大的障礙。**

第 7 章談組織制度會如何抗拒回應新興轉折點，變革促進者又能運用哪些方法改造組織。此外，本章也會檢視眼看即將失敗或已經跌倒，可以如何讓原本不願意改變的組織為了救亡圖存，終於改弦易轍。第 8 章主要著重在模糊與不確定的環境中的領導者行為，舉例說明為什麼必須超越指揮控制式的心態，走向非常不同的領導行為。

最後的第 9 章把組織與制度的轉折點概念，應用在讓個人生活受惠。本章帶大家看社會或大型組織層面的轉折，也會在你的個人生活引發重大的漣漪效應。

有的策略轉折會改變我們生活中的重要層面，也因此擔憂是十分正常的，不過我希望各位一路閱讀時會發現，重大轉折點同時也將帶來令人振奮的大好機會。

出發吧！

第 1 章

融雪始於邊緣
打開觸角接收微弱訊號

我的天，這個人手裡握著歐洲民主制度的命運，而他不知道該拿這東西怎麼辦。

——英國議員嘉圖（Molly Scott Cato）談臉書執行長
祖克柏（Mark Zuckerberg）2018 年 5 月 23 日
在歐洲立法者面前提供的證詞

史上最值得期待的轉折點，絕對是社群媒體平台稱霸世界所引發的商業假設變化。「社群」一下子就顛覆行銷，企業與顧客之間的互動成為雙向道，先前沒人聽得見的聲音獲得平台發聲。過去井水不犯河水的眾家數據庫，這下子彼此相連，沒人能預測結果。

不論是臉書、Google、推特（Twitter）或其他企業，2018 年是社群媒體驚濤駭浪的一年。「假新聞」四處流竄、假帳號、選舉與選民操縱、帳號被盜、最私密的個資被販售給第三方、種族歸納（racial profiling）、允許用戶冒充名人、弱勢族群成為瞄準對象等等，種種事件層出不窮，但Google 甚至沒派高階主管代表公司出席國會聽證會，公司面臨各式的法規與商業模式反彈聲浪。

我們的社會正在集體苦思，一切究竟是怎麼發生的。

本章將運用 Facebook 等社群媒體平台的興起，以及它們持續遭遇的問題，解釋若要「看見」發展中的轉折點真正的意涵，有哪些兩難之處。不論你是大權在握的執行長，抑或是位於食物鏈的很下方，有盲點會很危險。本章的結尾會探討幾種做法，協助大家及早發現重要跡象，可別矇住自己的雙眼。本章的基本概念源自葛洛夫的先見之明：「春天降臨時，雪會先從邊緣融化，那是最暴露於春暖的地方。」

新興轉折點的證據，不會自動跑到企業董事的會議室桌上。最早留意到變化的人，通常平日直接接觸轉折點現象，

例如：科學家看見技術的走向與可能的轉折時間。銷售人員每天都和顧客聊天。客服電話人員以第一手的方式，了解顧客在想什麼。有的人會敲響警鐘，提醒制度哪裡有漏洞，對於即將出爐的決策影響感到不安。

這些人搶先看到轉折點，也看得最明白——或許你就是其中一員。

監控資本主義

我年輕的時候，如果要查詢重要資訊，只能靠《大英百科全書》等工具書。至於我讀到哪些內容，哪些章節引起我的興趣、哪些不感興趣，甚至是我的身分，我讀的書會保守祕密，不會講出去。負責看管工具書的圖書館員是人類知識的守護者，知識藏在他們保管的資料裡。他們長期被諄諄教誨，一定要遵守道德原則，他們的工作是「方便大眾取得資訊，而不是負責監視。」這些年來，讀者使用圖書館資源的隱私權，也的確一次次在各種法庭案件中獲得確認。圖書館員有可能向他人透露讀者的個人興趣，這被視為是很大的風險，甚至直接寫在圖書館員的倫理守則裡。

然而，那樣的隱私權觀點放在今日，幾乎稱得上是天方夜譚。數位廣告事業鋪天蓋地，臉書與 Google 等企業運用

自身掌握的用戶資訊，精確找出對用戶投放的廣告。有人估算，此類平台的廣告價值在 2017 年達 880 億美元，然而許多民眾對此一龐大營收來源的商業模式一無所知，為了免費使用平台，自願提供個人資訊。那些最私密的個人數據，以數位革命之前不可能做到的方式與經濟規模被大加運用，但大部分的人不以為意。

從前的私人數據庫祕密，如今被大放送

在數位革命之前的年代，民眾的資訊分開存放於不同角落。信用評分人員握有你的財務交易資訊。機動車輛部門知道你的駕照與車輛所有權資訊。萬一你不小心觸法，刑事司法系統擁有你的逮捕紀錄。醫生和醫療人員則知道你的健康與用藥情形、你動過的任何手術等等。然而想像一下，如果有某種超級數據庫能夠取得與整合一切資訊，完整得知有關於你的每一件事，那會是什麼樣的景象？你知道嗎？那種事不只辦得到，成千上萬的組織正是天天靠這種事賺錢。

數位年代來臨前，你住在哪、你的駕駛情形、你罹患過哪些疾病、違反過哪些法律、喜歡把錢花在哪裡、你的政治傾向，如果有第三方想找出那些資訊，某種程度上辦得到，但又貴又麻煩，而且數據的深度與品質通常令人存疑。相較之下，今日的資料仲介不花多少錢，就能瞬間比較多個數據

庫。此外，先前必須手動操作的數據庫數位化後，取得相關紀錄的成本大幅下降。

資料仲介產業專家史派拉佩尼（Tim Sparapani）表示，大部分人要是真的知道不論是誰，只要付錢就能任意取得個資，掌握我們最私密的眾多行為，他們會目瞪口呆。你甚至不需要具備臉書那樣的規模，民眾就會雙手奉上資訊。《60分鐘》（*60 Minutes*）2014 年的調查報導發現，資料仲介非常樂意架設「今日好爸媽」（Good-ParentingToday.com）一類的網站，他們一提問，「社群」成員就會一五一十提供人生資訊，例如：「你是否正在準備迎接新生兒？」、「你保的壽險是否夠多？」、「你家有養寵物嗎？」

「今日好爸媽」網站背後的 Take5 Solutions 公司，以及其他眾多類似的企業，**沒告訴你**一旦你告知自己的事，他們就會交叉比對你提供的線索，從其他的龐大數據庫中的資料，得出遠遠更加詳細的細節。可怕的是，沒有特定的消費者保護在監督此類組織儲存哪些資訊、他們又準備將這些數據提供給誰。

每個數據庫各自存放著無傷大雅的資訊，然而一旦擁有綜合數據的能力，有可能發生完全無從預料的結果，而且我們很久以前就知道這件事。舉例來說，研究人員在 2009 年有辦法結合各種子數據後，推測出美國人的個人社會安全碼——不需要竊取數據，也不需要取得任何保密資訊便能辦

到。部分網站採取的新型商業模式尤其糟糕，例如：Mugshots.com 在網路上公開人們被捕時的檔案照片，完全不查證當事人是否最終被判有罪，接著又向當事人收取數百美元的網站照片移除費。數千人在找工作時，以及他們的個人生活，因為個人資訊被以這種方式披露而遭受影響，但執法人員很難起訴此類公司背後的經營者，基本上無法可管。

你的資料被一覽無遺

多數人在登入網站時，以為自己只是在，嗯，登入網站。我們不知道與我們沒有任何關係的第三方，正在看著我們，追蹤我們的一舉一動，還把那個資訊存放在他們的數據庫裡。第三方知道我們如何瀏覽網站，點選哪些東西，讀到哪些東西、哪些跳過，接著把這個資訊，整合進我們的檔案裡原本就有的其他東西，建立出細節更為豐富的我們是什麼樣的人。

這種事幾乎已是公開的祕密，但一般民眾似乎不知道，他們告訴任何網站的任何事，全都可能讓那個資訊暴露在公眾領域。

此外，光是登入網路就會留下數位指紋，讓利害相關人士得知你的線上行為。用戶只是隱約知道網站會用 cookie 追蹤他們，但不清楚有所謂的「第三方 cookie」。舉個例子

來講，如果你登入有臉書按讚鈕的新聞網站，你的電腦就會被植入臉書可以存取的 cookie，也因此即便你不曾造訪臉書，甚至連臉書帳號也沒有，臉書依舊會接收到你的資訊，得知你在網路上做了哪些事。很多人會說：**我又沒有臉書帳號，為什麼要擔心臉書會有我的數據？**這種想法實在是太天真。

　　社群媒體領袖一次又一次承諾，他們將不再追蹤人們在網路上的行蹤，用戶將再次自行掌控個人資訊會出現在哪裡、要和誰分享那些資訊。然而，《華爾街日報》的記者賓利（Katherine Bindley）在 2019 年想測試社群媒體有多遵守承諾，下載「What to Expect」這個懷孕 app，結果如同她的報導：「不到 12 小時，我的 Instagram 動態消息就出現孕婦裝廣告。我沒懷孕，除了下載過那個 app，我不是孕婦裝會瞄準的行銷目標。我試著回溯源頭，向那個懷孕 app 的發布者、數據夥伴、廣告商與 IG 的母公司臉書討論這件事，寫了數十封電子郵件與打電話，結果沒有任何人承認這兩件事有關。」賓利接著詳細介紹企業如何以五花八門的方式，在民眾不知情的情況下侵犯他們的隱私，包括在關掉定位服務的情況下，依舊追蹤他們的所在地，以及偷偷利用演算法，決定哪些人能看到特定的廣告。即便用戶勾選不讓臉書這麼做，臉書仍然會依據用戶在臉書以外的活動，向他們投放廣告。

在另一項更令人不安的研究（如果那有可能的話），另一篇《華爾街日報》的調查發現，健康 app 會向臉書分享高度個人的資訊。報社測試後發現，使用者一輸入心率，心率 app 就會立刻將資訊回傳給臉書。排卵監測 app 會回傳使用者的經期時間、她們是否打算懷孕。不動產 app 傳送的資訊，包括用戶正在找什麼樣的房子、他們把哪些房子加進我的最愛。如同那篇報導的作者所言，更糟糕的是，「那些 app 全都沒以任何明顯的方式，讓使用者得以阻止資訊被傳送給臉書。」雪上加霜的是，數據通常能連至特定的裝置與 IP 位置，臉書因此得以比對原本就握有的個人數據庫。一切的一切都是為了方便願意替定向廣告付費的廣告商。

人們自以為要分享哪些資訊由他們決定，但顯然和實際發生的事相差十萬八千里。

周圍環境正在觀察你

大部分人都知道涉及隱私權的時候，網路有點像是美國西部的拓荒時代。我們唯一能做的事就是祈禱自己的資訊，不會落入錯誤人士之手。然而，當我們身邊的世界也開始和網路一樣追蹤我們，那該怎麼辦？

《紐約時報》在 2018 年報導，在數百萬家庭裡，所謂的「智慧型電視」會追蹤你看的節目，而且不只是那樣。智

慧型手機等其他所有的裝置，只要連的網路和你的電視一樣，電視也會一併追蹤上面的資訊，例如 Samba 電視（Samba TV）便是如此。這種智慧型電視的設定程序，要求你同意他們將資訊回傳給資訊中心。除了你的收視習慣，Samba 還會回傳所有連至相同網路的其他裝置的完整資訊。

這是廣告商夢寐以求的聖杯，他們因此得以立即捕捉資訊，依據用戶收看電視後造訪的網站，得知電視廣告的有效性。前花旗行銷總監狄賴卓（Christine DiLandro）在產業活動上，談有辦法即時連結收視行為與數位活動「有點神奇」。 企業可以付費給 Samba，Samba 將在觀眾看完競爭對手的廣告或某個節目後，給觀眾看特定的廣告，而且只要企業能宣稱已經明確讓消費者得知他們將追蹤，一切完全合法——即便那項資訊藏在長達百頁的隱私權政策同意書中。

4,730 萬名家中裝設 Alexa 或 Siri 等智慧音箱的人士，那些裝置絕對收聽著他們屋裡的每個角落。一次又一次爆發的事件顯示，智慧音箱顯然在背景蒐集與捕捉我們的生活，例如：Amazon Echo 記錄下西雅圖一對夫婦的私人談話，接著把錄音片段傳送給他們在數百里之外認識的熟人。每個人被蒐集的個人檔案愈來愈多。

臉書快速橫掃世界，不受任何控管

　　接下來以臉書為例，解釋所有靠廣告支撐的社群媒體平台，八成會面臨的挑戰。臉書成立於 2004 年，一開始是哈佛大學的線上社群網絡（很快就拓展至其他大專院校），目前觸及全球超過三分之一的人口。臉書出現爆炸性的成長，影響力令人目瞪口呆。然而，臉書使用個人數據的態度，從一開始就沒有太大的變化。臉書的盲點在於未能意識到最終公眾、監管單位與競爭者等各方人士，將跟上社群網絡所做的事。

　　播客節目《矽谷內幕》（*Silicon Valley Insider*）率先披露祖克柏與朋友的對話。臉書將如何對待隱私，從創立之初就看得出端倪：

祖克柏：沒錯，所以如果你需要哈佛任何人的資訊

祖克柏：開口就行了。

祖克柏：我這裡有超過 4,000 筆的電子郵件、照片、地
　　　　址、社會安全碼

〔隱去朋友的名字〕：什麼？你是怎麼辦到的？

祖克柏：人們直接交給我。

祖克柏：我也不知道為什麼。

祖克柏：他們「就是信任我」

祖克柏：白痴。

臉書在 2006 年開放給學術機構以外的一般民眾，據說公司領導人開始把臉書視為「全球所有人的姓名錄」，希望「掌控」這個世界。

時間快轉到臉書在 2012 年首次公開募股（IPO）。觀察家指出，臉書面臨一定要變現龐大用戶數的巨大壓力，被迫一路奔向瞄準式廣告，爆發一連串被詳加報導的醜聞。基本上，那些問題源自臉書握有史上前所未有的能力，有辦法探勘用戶資訊，提供廣告商自動化的服務。

到了 2016 年，跡象顯示某些類型的精準廣告投放實在不可取，反彈聲浪大到需要耳塞才能避免聽見。舉一個糟糕的例子來講，臉書允許房屋廣告客戶不讓某些「同質團體」的成員看見他們刊登的廣告，例如：非裔美國人、亞裔美國人、拉丁裔美國人。ProPublica 新聞披露此事後（報社實際購買過臉書特別排除種族團體的房屋分類廣告），著名的民權律師表示：「這太可怕，根本是違法的，公然違背聯邦公平住房法案（Fair Housing Act）。」

消費者進行浮士德的交易，同意雙手奉上個人資訊，交換免費的服務，結果是造成完全偏袒一方的經濟協議。起初無傷大雅的好玩事（**和朋友分享照片！分享去度假的照片！**），如今變成一股影響社會的力量，背後是數十億美元

的廣告利益在推波助瀾。

其他的資料仲介也採取問題重重的做法，例如：Google
違反歐盟法規，被罰款 50 億。Google 要求製造商在 3C 裝
置裡預先載入 Google 的 app，而且只能出售 Google 未經修
改的 Android 版本軟體。然而，Google 的領導人並未否認蒐
集數據，主張如此一來會「替每個人帶來更多的選擇」，臉
書的關鍵高階主管則表達訝異之情，表示用戶交到他們手中
的數據被如何利用，他們並不知情。

臉書執行長今日被迫站在歐美的民意代表前。公司在回
應劍橋分析（Cambridge Analytica）醜聞案時，糟糕的危機
處理方式飽受批評。臉書出售超過 5,000 萬用戶的資訊，卻
不知道那些數據被拿去投放瞄準行銷的政治廣告，引發棄用
臉書生態系統的迷你運動。專家學者表示，臉書有可能走上
Myspace 的老路，就連蘋果的共同創辦人沃茲尼克（Steve
Wozniak）與 WhatsApp 的創辦人艾克頓（Brian Acton）等
重量級人士，也紛紛宣布「刪除臉書」（#DeleteFacebook）。

社群媒體公司面臨重大轉折點，祖克柏宣布他的公司
「處於戰爭狀態」。億萬富翁投資人索羅斯（George Soros）
2018 年參加在瑞士達沃斯（Davos）舉辦的世界經濟論壇
（World Economic Forum）時，甚至宣布臉書「時日無多」。

提醒個資問題被當成狗吠火車

不能說沒人提醒過臉書。

我發現幾乎是我研究過的每一個重大轉折點，在事情真的發生前，早已有跡可循。接下來是與臉書特別相關的早期跡象（整體而言的資料仲介／社交媒體空間八成也會受到影響）。

觀察者長久以來都認為，全球資訊網的重大風險，在於網路上的資訊會被如何運用。1996 年時，事蹟至少包括發明網路的柏內茲李（Tim Berners-Lee）思索網路帶來的效應：

> 網路將促成真正的民主，讓選民得知國家決策背後的現實狀況，也或者網路實際上將成為偏見的聚集處，靠危言聳聽而不是真相來吸引讀者？這將由我們來決定，然而在回答此類問題時，不可輕忽簡單的工程決定就能造成的影響。

柏內茲李提出這個具有前瞻性的發問時，臉書與 Google 甚至尚未問世。然而，另一個具備先見之明的警訊在 2006 年被提出時，這兩家公司正在急速成長。博伊德（Danah Boyd）是科技與社群媒體學者，也是微軟的高級研

究員。她提醒臉書的動態消息功能暗藏隱私風險。雖然想找的話，原本就能找到個人的零碎資訊，但動態消息更是帶來暴露感。用戶提供給網站的資訊，如今以用戶沒料到的方式，被推送到每一個相關人士面前，更別提臉書定義「好友」的方式十分粗糙。從你常在咖啡廳見到的熟客，一直到真正的親友，全都可能是臉書上的好友，你很難指定要讓哪些人看見你發布的哪些內容。這種情形帶來博伊德談的隱私「被侵犯」的感覺。

博伊德當時是在談動態消息：「這不健康、破壞社會。對用戶來講，問題遠遠不只是雇主守株待兔，光是看到臉書照片上，出現有喝酒嫌疑的紅色塑膠杯，就準備好在你身上降下報應……此外，我也認為它會被濫用。」即便博伊德當時不是在談個資被買賣後的利用方式，她一語中的，警告用戶在知情狀態下與臉書分享資訊。不過，博伊德的話基本上被當成耳邊風，臉書一路出現爆發性的成長，用戶數持續增加，銳不可當。

另一個同樣被充耳不聞的一連串警訊，則是臉書平台被用來作惡，製造假消息，在臉書上詐騙，把臉書當成挑撥離間的武器。臉書上的假帳號十分猖獗，《廣告週刊》（*Adweek*）2011年的文章，提供「你的新臉書朋友是假帳號的7個明確徵兆」。臉書以為要求用戶以真實姓名申請帳號，就能遏止歪風，顯然沒這種好事。

　　除了博伊德等外界觀察者提出的警訊，更值得留意的是臉書自己人也呼籲要採取行動。內部人士警示公司蒐集的數據，有可能被用在用戶不曾想要的用途上。帕拉吉拉斯（Sandy Parakilas）在 2011 年至 2012 年間擔任臉書平台營運經理，他在 2018 年的電視訪談中表示，他告訴過臉書的資深領導者，使用者交出的敏感數據獲得的保護不足，但基本上沒人理會他。

　　帕拉吉拉斯在訪談中表示：「那是臉書即將 IPO 的幾個星期前，媒體開始一再提出這些議題……指出臉書沒做好的地方。」帕拉吉拉斯接著形容自己有多「戰戰兢兢」，因為臉書是他在科技業的第一份工作，而他才任職 9 個月，就負責保護臉書的用戶數據。如他所言：「人們關心的不是解決問題，而是保護自己在公司裡的名聲。」

　　前臉書員工開始異口同聲譴責臉書平台帶來的社會影響。前臉書高階主管帕利哈皮提亞（Chamath Palihapitiya）哀嚎臉書使人成癮的本質，譴責臉書「撕裂社會」。

　　部分的前科技高階主管不只是口頭批評。一群待過Google 與臉書等公司的高階主管，攜手在 2018 年成立「人文科技中心」（Center for Humane Technology），試著一起以機構的力量，回應他們看見的社群媒體成癮所帶來的負面社會影響。

引爆點的開端

　　數據蒐集者自然想要隱瞞民眾，利用密密麻麻、成千上萬字的服務條款，合法掩蓋自己的行為。今日的資料仲介可以在幾乎不受監管的情況下，隨心所欲買賣你最私密的個資（你是否抽菸？你是同性戀嗎？你愛看《格雷的五十道陰影》系列嗎？），而且大部分的人渾然不覺。隨著企業高階主管被一一傳喚到國會面前，歐洲的《一般資料保護規範》（*General Data Protection Regulation*, GDPR）出爐，愈來愈多的例子顯示個資是如何被交到錯誤人士手中，接著出現駭人的結果，我認為我們日後在回顧今日時，將視之為個資使用管理的重大轉折點。

　　馬汀尼茲（Antonio García Martínez）留意這個問題的發展，在揭發矽谷內幕的《矽谷潑猴》（*Chaos Monkeys*）一書中，談他如何協助成立第三方的廣告計畫，追蹤用戶在網路上的一舉一動。馬汀尼茲如何一針見血看待臉書限制數據的使用方式？「老實講，除非是民眾的憤怒聲浪，已經高漲到不絕於耳，前仆後繼，要不然臉書永遠不會試著限制數據在這方面的運用。」

　　眾多跡象顯示這樣的怒吼已經出現。2016 年一份美國民眾的數據隱私權態度報告指出，「TRUSTe ／國家網路安全聯盟消費者隱私指數」（TRUSTe/National Cyber Security

Alliance (NCSA) Consumer Privacy Index）發現民眾憂心隱私問題，多過擔心失去主要的收入來源。

各國政府同樣也清醒過來。《紐約時報》指出，至少有50 國政府開始採取收回管道的措施。一旦科技平台成為P2P 通訊網路，脫離政府的控管，政府開始感受到威脅，做出回應，例如：儘管臉書採取魅力攻勢，祖克柏努力學習中文，臉書被視為抗議者的通訊工具後，中國依舊自 2009 年起便禁用臉書。

此外，不難想像政府有可能堅持分拆臉書，換取最基本的繼續營運的許可。隨著臉書的核心動態消息平台成長停滯不前，所有的成長都出現在 WhatsApp 與 Instagram，分拆對臉書來講很不利。數據有「新石油」之稱，令人聯想起大型的石油公司在 1900 年代初被分拆。另一個例子是在 1980 年代後，AT&T 再也無法行使壟斷權，限制消費者能購買的服務與設備，就此出現百花齊放的創新。

此外，所謂的智慧型電視廠商，利用 Samba 等服務來補貼微薄的利潤，但政府官員也開始運用法律機制，限縮相關廠商的商業模式。

對臉書來講，更嚴重的問題在於公司對目前與潛在員工的吸引力下降。在 2018 年尾，大約僅一半的員工表示，他們感到公司正在讓世界變得更美好，52% 表示公司處於正軌。另一項報導則指出，許多臉書員工正在尋求跳槽機會。

　　臉書的商業模式面臨的另一項重大挑戰是競爭。雖然臉書的用戶黏著度很高，但臉書不是靠用戶賺錢，而是將用戶資訊販售給廣告客戶，而且是非直接的資訊，包括你是誰、你喜歡什麼、你點選哪些東西等等。想像一下，亞馬遜等平台上的廣告能有多強大。亞馬遜不僅握有大量資訊（相較於臉書蒐集的數據，大部分比較沒那麼令人害怕），也知道你實際購買的物品。觀察者預測，隨著亞馬遜利用手中資訊，投放用戶可以立即購買的廣告，亞馬遜將從 Google 與臉書那裡，分走很大一部分的流量。

　　此外，臉書的競爭者也可能來自其他平台。接下來只是猜測。據傳 Instagram（IG）的創辦人 2018 年離開臉書，原因是和臉書的其他高層不合。如果我是管理團隊的一員，有一段話會讓我密切關注：IG 的共同創辦人斯特羅姆（Kevin Systrom）表示，他正在期待開創「新東西」。想一想，這個人一度赤手空拳，創造出極受歡迎的社群媒體管道，而且他不同於其他的企業創辦人。臉書一般藉由購併解決競爭對手，但斯特羅姆不太可能因為臉書在他面前亮出白花花的鈔票，就受到引誘。

　　所以說，我的基本主張是對臉書等營收來自廣告的數據蒐集組織來講，轉折點已經來臨。臉書與其他情況類似的公司，或許尚在摸索出走過這個轉折的方式，但可以相當確定的是，照著這個進展走下去，相關公司將出現很不同的面貌。

臉書經營上的盲點

臉書正處於關鍵轉型時刻。在本段寫成的當下，臉書的活躍用戶超過 20 億人，營收為 400 億（2017 年數據），而且在網路世界幾乎是無所不在，似乎無人能及。然而，先前也有巨人倒下過，由盛轉衰的重大原因是無視於山雨欲來風滿樓。想一想 Nokia 的例子就知道。

2007 年時，Nokia 在全球的智慧型手機市占率達 49.4%，執行長登上《富比世》（Forbes）11 月的雜誌封面，標題是「Nokia：10 億顧客——手機之王，誰與爭鋒？」然而，自從蘋果在同年稍早的時候推出 iPhone，Android 平台也商業化，Nokia 早已出現敗象。

我會知道這件事，原因是我在 2000 年初與 Nokia 密切合作。我開始收到知情人士的電子郵件，得知目光不夠遠大的人士接掌公司，過去密切接觸市場的人才遭到排擠。雖然我手裡拿著的裝置，今日一看就知道是可以上網的平板，卻不曾有顧客見過那個裝置。此外最令人沮喪的是，我和其他人費盡苦心打造的投資與成長流程遭到廢除。Nokia 的領導階層活在自己的世界，不再接觸邊緣——無視於企業的負向轉折點開始增強的地方。臉書似乎也充滿這種成功所助長的漠視。

臉書的數據蒐集與瞄準行銷做法，已經導致令人極度困

擾的後果，而如果公司發言人所說的話可信，臉書對於發生的事感到萬分訝異。

　　撇開臉書自稱不知情所引發的嘲諷不談，臉書面臨的挑戰是一直以一致的模式，無視於外界提出的關切。不論臉書的競爭優勢最終是否延續下去（臉書先前成功買下快速成長的 WhatsApp 與 Instagram），臉書的領導者在 2018 年時顯然寧願不要「處於戰爭狀態」。

　　我將在下一章介紹方法，教大家找出與詮釋事情正在改變的微弱訊號。這裡先以臉書故事中的幾個例子，解釋如何能在消息明擺在每個人面前之前，搶先偵測到訊號。

來自邊緣的洞見：打破盲點的 8 種方式

　　如果說雪從邊緣融化，你必須設置一套機制，了解那裡發生了什麼事。如同韋伯（Amy Webb）在精彩的《邊緣商機》（*The Signals Are Talking*）一書中提供的建議，未來學家普遍會下這個處方。然而，當我想著我合作的高階主管中，有多少人會花時間到邊緣看一看，這種事其實放在他們的待辦事項中最後面的地方。那些高層會說自己每天壓力很大，要替眼前這一季交出成績，無力顧及，甚至不把邊緣發生的事當一回事，因為公司向來很成功。他們安安穩穩待在

總部，身旁全是內部的團隊成員。

　　各位可以考慮接下來的 8 種做法，確保組織周圍沒有事物在醞釀，在你意識到之前，就對你的公司帶來爆炸性的影響。

一、打造自高階主管辦公室觸及街角的資訊流機制

　　領導者之所以會錯過潛在的重要轉折點，一個極度常見的原因是他們接觸不到能告知實情的人。那樣的領袖切斷了關鍵的溝通，身邊沒有可能提出異議或觀點不同的人士，開始對世界上正在發生的事有著錯誤的認知。

　　臉書的故事似乎正是這樣。在這間高度成功的公司，領導者自然而然活在很小的圈子裡。他們許多人在公司裡待了十年以上，常說資深團隊就像「家」一樣。從正面角度來講，他們擁有彼此信任的強大連結與長久關係，公司因此得以快速行動，但臉書的轉折點已經出現的跡象，包括這個向心力極強的團隊，已經有好幾名成員宣布出走。

　　有的觀察者並不讚美臉書的溫馨氣氛。有人說「祖克柏身邊都是歌功頌德的人，想法和他一樣；祖克柏沒意識到他的公司對這個世界造成的負面影響。」甚至有人主張臉書「有如邪教」，工作環境不鼓勵不同的聲音，而這種情形絕對會帶來盲點。

組織若是懂得尋找早期的轉折點警訊，他們將設置一套做法。即便資訊與潮流出現在距離總部很遠的地方，依舊有辦法看見與聽見。方法是刻意製造資訊流，直接從領導者的辦公室觸及事業的前線。實際的形式有可能五花八門，例如：葛斯納（Lou Gerstner）接掌 IBM 時，他在上任的頭幾個月四處拜訪顧客，和前線員工聊天，感受實際的狀況。葛斯納在一個十分重視階層的體制中，讓內部人士跳腳，因為他安排「深潛」（deep dive）時間和與會者交流，受邀條件不是看你在組織裡的位階，而是你知道多少資訊。

越級對話是另一種未過濾的資訊來源。我觀察過的做法是領袖會定期邀請不同的員工共進早餐，名單由電腦程式隨機挑選。花旗銀行的信用卡部門有一個著名做法：定期請主管報告一件他們該月從真實顧客身上得知的一件事。

此處的關鍵是提供一套有制度、但從組織層面來講又很安全的方法，讓握有決策權的人士，得知組織與外部環境的交會處正在發生的改變。

二、廣納多元看法

不論是好是壞，人類會從自己的參考架構，得出對於這個世界的預期，而臉書的創業團隊與最初的用戶，不僅擁有大學生的參考架構，他們還來自美國的常春藤菁英大學，導

致他們無法想像平台一旦向所有人開放後，有可能被拿來做什麼——世上的不同角落有著不同的文化規範、不同的制度期待、不同的動機。

或是套用部落格先驅、Six Apart 網誌公司的第一位員工、Movable Type 部落格的開創者戴許（Anil Dash）的話，講得再更白一點：「如果你 26 歲，你是天之驕子，從小到大都過著富裕的生活，一輩子享盡特權，一生都是成功者，你當然不會想到，別人會有什麼好隱瞞的東西。」

缺乏想像力、看不出他人可能如何以你做夢都想不到的方式濫用一件事，屬於典型的盲點。舉例來說，「連結紐約市」（LinkNYC）計畫由一群樂觀的人士推動。他們改造廢棄的電話亭，讓電話亭重獲新生，化身為可以上網的公共空間。在計畫創辦人的心中，遊客可以利用變身後的電話亭，查詢地方資訊。民眾可以找到好餐廳，或是其他美好的用途，所以你可以想見，當新聞開始報導，民眾利用這個新的免費網路服務，在街上看 A 片，把熱點變成自家的戶外客廳，做起各種令人摀住眼睛的事，LinkNYC 計畫的推手有多錯愕！

問一問自己：我是否請大家在討論中提供多元觀點？人生經驗和觀點與我們十分不同的人，我們是否聆聽他們的意見？我們是否太專注於某種設想，以至於無法想像其他的可能性？

三、敏捷平衡兩種決策類型

亞馬遜創辦人與前執行長貝佐斯（Jeff Bezos）有一個著名觀察，他說組織基本上需要做兩種決策，第一類決策對組織來講有很重大的意涵，風險可能很高，而且不可逆。相較之下，第二類決策則可逆、風險低，有很多學習的機會。許多研究都提到亞馬遜能夠成功，與貝佐斯派遣小型團隊執行第二類決策有關。

貝佐斯的做法反映出「敏捷」法（agile method）廣受歡迎，與傳統的官僚體制形成對比。原則是團隊的規模要小，而且獲得授權，可以自行替他們控管的低風險活動做決定。貝佐斯在亞馬遜立下著名的「兩個披薩原則」，意思是團隊不該大到兩張披薩餵不飽。貝佐斯認為，10 人或 12 人的團隊是極限，這樣的人數不需要做太多的協調工作，就能順利合作。此外，貝佐斯也提到如何授權讓員工做第二類決策，主張此類決策不該受到企業科層體制的重重審查。

如果要了解是什麼意思，可以看一個例子，感受密切配合的敏捷團隊與傳統企業活動的區別。2015 年時，貝恩諮詢（Bain & Company）的兩位顧問佐克（Chris Zook）與艾倫（James Allen），談到 eBay 執行長杜納霍（John Donahoe）的做法。杜納霍定期與 30 歲以下的員工開會（通常來自 eBay 購併的公司），其中一名年輕員工亞伯拉罕

（Jack Abraham）提議大刀闊斧重新設計公司網頁。杜納霍要亞伯拉罕想好，需要哪些資源才能辦到，亞伯拉罕於是找了一個晚上，帶著五位最優秀的開發者去喝一杯，說服大家隔天和他去一趟澳洲，花兩星期弄出原型。杜納霍目瞪口呆。「我們要是找一般的產品團隊做這件事，」杜納霍表示，「我會得到好幾百頁的 PowerPoint 簡報，預計要花上兩年時間，預算 4000 萬美元。然而，這幾個人就這樣跑去澳洲，一天工作 24 小時，一星期 7 天，然後就弄好原型。他們直接去做，沒有 PowerPoint，直接打造。」

企業裡獲得授權與信任的前線人員高度重要，他們是家得寶公司（Home Depot）能起死回生的重要功臣——家得寶一度忘掉這個最重要的一課。達「不」到目標的方法，就是雇用一群昂貴的顧問，派他們去和知道實情的人員聊，接著再向決策者回報他們聽見的事！

我會說臉書過分利用獲得授權的小型團隊，替事後回想起來其實是第一類決策的事做決定。從臉書推出廣告服務 Beacon，到允許開發者存取數據，到操弄用戶情緒的指控，再到劍橋分析醜聞案，一直到被控介入選舉，回想一下臉書許多人盡皆知的重大滑鐵盧，就會發現臉書的座右銘「快速行動，打破成規」，很適合用來探索與下第二類的決策，但用來執行第一類的決策時相當致命。臉書本身似乎也意識到如今公司的規模如此龐大，應用第二類流程所帶來的

危險性。祖克柏在 2014 年宣布取消原本的「快速行動，打破成規」，改採「基礎穩固，快速行動」。雖然新的座右銘主要是針對開發者社群而訂定，我會說這項原則也適合用來分析臉書的外部活動結果。

四、運用邊緣：促成小小的賭注

臉書在這點上做對了。這個建議遵守席姆斯（Peter Sims）在《花小錢賭贏大生意》（*Little Bets*）一書中提到的概念。

另一個例子是 Adobe 利用 Kickbox 計畫，向全公司上下的人員徵求點子與建議。一般不會在策略或創新計畫會議中聽到聲音的同仁，也可以參加。背後的理念是最富有創意的點子在對抗公司的官僚體制、努力讓自己被挖掘的過程中，很容易中途陣亡，Adobe 因此推出寫著「點子投遞處」的紅色紙盒 Kickbox。

Kickbox 的盒子裡，放著教你如何「破關」的指示，還有原子筆、兩包便利貼、計時器、用來記錄「壞點子」的迷你筆記本，以及再稍微大一點的線圈筆記本。此外，還有一條世界市場牌（World Market）的焦糖海鹽巧克力棒、一張 10 美元的星巴克禮物卡。盒子裡放著這兩樣東西，理由是所有的好創意都仰賴穩定的糖分與咖啡因供應。Kickbox 和

一般的意見箱或創新研究營不同的地方，在於還附贈一張
1,000 美元的花旗預付卡，員工想怎麼運用那筆錢都可以，
不需要向主管解釋任何的購買理由，也不必填寫支出報告。

　　Kickbox 的點子來自 Adobe 的策略長與創意副總裁藍道
爾（Mark Randall）。Adobe 從販售以收縮膜包裝的安裝軟
體，轉型至雲端服務。在那段期間，藍道爾趁重大轉型帶來
的機會，仔細研究 Adobe 如何能讓新點子浮出水面。他運
用從邊緣獲得洞見的最佳實務，與數十位員工見面，了解他
們在追求看起來很有希望的點子時碰上哪些障礙。員工在顧
客與接下來的步驟等方面，可能有著獨特的見解。

　　藍道爾的發現和本節的論點是一樣的：**困難的地方通常
不是想出有趣的點子。問題出在取得必要的放行時，科層體
制有太多關卡。**藍道爾想出絕妙的點子：與其僅僅贊助 1 個
百萬計畫，不如贊助 1,000 個千元的小賭注。任何員工都能
要求拿到一個 Kickbox 盒子，沒有最後期限。如果點子不成
功，也沒有處罰。計畫參加者被鼓勵（但不強迫）參加兩天
期的課程，學習檢視與醞釀點子的基本原則，例如：如何評
估顧客感不感興趣。這個 Kickbox 課程分為 6 階段，每一個
階段都會建議接下來的步驟與幾個提問。完成全部的階段
後，你就成功「破關」了。

　　目前為止，大約有 1,000 人去領 Kickbox 盒子。雖然進
入下一階段的人數相對少很多，Adobe 認為從 Kickbox 計畫

中得出的洞見，有助於公司以 8 億美元購併內容公司富圖力（Fotolia）。不論如何，的確大約有 23 名 Kickbox 參加者一路過關斬將，完成 6 階段。破關時已經萬事皆備，可以向管理階層推銷點子，拿到大家夢寐以求的**藍色** Kickbox。Adobe 並未公開藍盒裡放的東西，但取得的過程，代表著從組織邊緣（紅盒子）到關鍵決策者（藍盒子）的旅程。

順道一提，Adobe 的 Kickbox 是開源計畫，其他組織也可以一起來試一試。

五、到外頭看一看

不論數據行銷公司的動機是什麼，最初的美意顯然帶來各種意想不到的後果。我會說臉書不曾有意讓自家的瞄準行銷，用在政治操控或專制的公民壓迫，但臉書無從預見現實狀況會發生的事，公司有著居心不良者可以隨時利用的盲點。

警覺心強的領導者相當重視親身接觸外界，尋找正在發生的變化，了解背後的來龍去脈。卜蘭克（Steve Blank）是連續創業者、教育人士，以及「顧客探索」（customer discovery）流程的發明人。他的口頭禪是「大樓裡沒有答案」，鼓勵組織裡的每一個人，全都要到外頭進行和平常不同的互動，從顧客身上尋找靈感與點子。不過，這件事可不

簡單，因為前線員工通常會為了留下良好印象，無意間向領導者隱瞞資訊。

《紐約時報》有一篇報導表面上是在談工時，但可以從中看出「欺上」是怎麼一回事。那篇報導主要談 Gap 發現提供員工更穩定、更可預測的排班時間，對公司有好處，但不是所有的管理人員都感到這件事好辦。某位店經理就表示，在高層「到店巡視前的那段期間，他大概每天都得多排兩、三個班」。

這段話值得多加留意。那位 Gap 的高層值得讚揚，他試圖體驗自家組織實際上如何與顧客接觸，然而店經理下的決定造成功虧一簣。高層的到店體驗並不是顧客一般會體驗到的情形，人力遠比平日充沛，不會為了節省成本，減少排班人員。也難怪領導者看不見事情有問題的跡象：他們根本就沒機會看見。然而，這也不能怪店經理，這其實是許多企業文化的標準作業程序，有點像是迎接貴客前，你會先把客廳好好整理一番，但我們全都知道，客廳平日通常可沒那麼整潔！

曾有無線電信公司的高階主管來上我的課，提供另一個類似的「欺上」例子。當時人人都知道，他的公司提供的網路覆蓋範圍十分零星，在全美許多地方連線品質並不好。這位學生提到他們的總部（地點恰巧在歐洲）即將在下星期派高層來視察。我問他：「你們在美國提供的服務品質很糟

糕，高層有什反應？」學生回答：「喔，他們不會碰上那種煩人的事。我們有他們的行程表，知道他們會從哪裡去到哪裡，也曉得他們會在哪些地點工作。我們的技術人員永遠會確保他們獲得良好的收訊品質，訊號會很強，不會有連線的問題，畢竟他們待在美國的期間有工作要做。」即便是無意間造成的隱瞞，這則故事同樣是刻意不讓決策者接觸到在現實情形中，自家組織帶給顧客的感受。

我要鼓勵領導者別躲在企業總部的安全空間裡，直接接觸實際上發生的事，體驗你的顧客與你的組織之間的連結。

另一個確保能做到這件事的方法，就是**把領導者擺在自然能碰到顧客的位置**，例如考慮把你的辦公桌，擺在靠近行動發生的地方，或是堅持加入關鍵對話。

幾種「走出大樓型」的練習，可以在此時派上用場，例如我喜歡的「品牌接收」（Brand Takeover）練習借自 Solve Next 顧問公司的同仁，基本上就是想像你的公司被別間公司接手，接著問自己：收購你們的公司會要你們開始做什麼、不再做什麼？如果行銷預算大增，新的母公司會希望你如何運用？光是想像隸屬於完全不同的組織，突然間就會有很大的創意發揮空間。

六、提供誘因，讓尷尬的實用資訊現形

由於臉書的商業模式仰賴販售個資，也難怪指出這種做法極有問題的報導，沒獲得臉書熱烈歡迎。高層不想聽那些話，打斷提及隱私權的發問，主張用戶「已經同意」。

美國全國公共廣播電台（NPR）的夏哈尼（Aarti Shahani）指出，臉書真正的問題，出在把用戶互動率視為最重要的指標。「在臉書工作的人員表示，從第一天起，高層的關注點全放在計算互動率：你按多少讚、點選多少次、分享多少次，一直到你觀看影片多少秒。」夏哈尼的報導指出：「臉書的現任與前任員工談到在產品會議上，任何調整動態消息的建議，也就是臉書的招牌產品，一律都得附上深度分析，解釋那將如何增減互動率。此外，從臉書自己的網誌與研究也看得出來，公司有多麼重視相關指標。」

臉書的故事告訴我們，強大的商業動機會讓人不願吸收與記取教訓。如果不仔細設計，強大的高階主管誘因，將導致沒人想見到的結果。想一想陷入醜聞風暴的能源交易公司安隆（Enron），即便公司的事業表現正在摧毀股東價值，公司依舊大力獎勵高階主管，造成主管有動機不斷哄抬股價，最終導致破壞名聲又違法的行為。

千萬不能忘記，公司的所作所為若是違法，完全有可能導致停業。舉例來說，新創公司 Aereo 試圖在網路上轉售電

視台的節目。勢力龐大的電視台原告組成的聯盟，十分氣憤
Aereo 的商業模式，告上法庭，一路上訴到美國最高法院。
臉書目前也已經惹上大量官司，甚至在呈交給證券交易委員
會的季度報告上，必須特別註明這點。

七、勇於承認

不乏證據顯示，臉書出現嚴重的問題，但臉書的公開聲
明依舊輕描淡寫。從宣稱怎麼可能有人認為臉書影響了
2016 年的美國總統大選，一直到維護不承認發生過納粹大
屠殺的人士的權利，放任他們在平台上散布這種說法，臉書
似乎不太願意承擔起責任，制止人們利用臉書做不道德或甚
至是違法的事，而這點值得加倍留意，因為臉書自己在
2010 年做的研究顯示，這個社群網站深深影響了美國期中
選舉的投票率。

這一類的行為屢見不鮮，但企業領袖可說是故意視而不
見，原因是昧於事情正在改變的外情，日子比較好過。舉例
來說，老牌地圖公司蘭德麥奈利（Rand McNally）的執行長
阿帕托夫（Robert S. Apatoff）在 2006 年受訪時，基本上否
認數位革命可能帶來的影響：

阿帕托夫表示，號稱傳統折疊地圖會消失的人，應該再
好好想一想。「這就像是在說報紙會消失一樣。」阿帕托夫

在北芝加哥公司總部受訪時表示，即便民眾也在手持式裝置或網路上使用地圖或地圖集，「使用方式出現些許變化，人們依舊想要攤開地圖，一邊喝咖啡一邊研究路線，計畫他們的行程。民眾將持續希望以這樣的方式使用地圖。」

蘭德麥奈利公司在 2007 年被不良資產投資公司「創辦人夥伴」（Patriarch Partners）收購。

八、和正在發生的未來談一談

有一句話據說是科幻作家吉布森（William Ford Gibson）的名言：「未來已經來臨——只是尚未平均分布。」我在 Innosight 顧問公司的同仁安東尼（Scott Anthony），將這個概念轉換成實務處方：你要找出能去哪裡和未來的代表談一談。

舉例來說，如果你想知道 10 年後，20 歲世代將如何看待這個世界，那麼你當然可以和目前 10 歲的人聊一聊。如果你對任何部門的最新發展感興趣，一定會有人在早期階段，就在會議上提出他們的點子。

例子還包括我在哥倫比亞大學的研究同仁羅斯（Frank Rose），主持精彩的「數位說故事實驗室」（Digital Storytelling Lab）計畫，探索數位科技如何影響我們與彼此分享的故事與經驗。實驗室的創舉包括舉辦 Digital Dozen

競賽，頒發獎項給開發「創新敘事方式」的人士。羅斯舉辦比賽的理由是他認為每次的人類溝通革命，大約會花 20 年成熟，例如他提到電影首度商業化時，沒人知道什麼是「電影」，所以大家做了什麼？他們拍攝舞台上演的戲劇！我會說線上教育也是類似的情形。我們還不清楚線上教育究竟是什麼，因此錄下教授在教室前方授課。這種影片八成不會是新媒介帶我們去的地方，但我們還不清楚未來的樣貌，也因此有必要實驗與試誤。

我們今日認為電影製片業理所當然會有的元素，其實歷經多年才成為標準做法。電影最初被發明時，不論是拍攝連續鏡頭、運用不同的攝影機角度捕捉同一個場景、剪輯，以及其他種種技巧，全都尚未問世。

Digital Dozen 競賽召集打破傳統分類的數位作品，比如 2018 年的參賽者，替 DM 廣告公司 Mailchimp 拍下一系列荒謬搞笑的廣告與蒙太奇影片：公司名稱 Mailchimp 在蒙太奇中，被誤念成「Mail Shrimp」（郵蝦），畫面是郵局裡有一塊在唱歌的蝦子三明治。另一個作品是「羽衣甘藍小狗」（Kale Limp），主角是一隻全身由羽衣甘藍組成的小狗。這系列的作品全都以相當身臨其境式的影片與聲音來呈現，串起訊息，透過真實生活中的廣告招牌與其他概念來播送，例如「失敗薯片」（Fail Chips）。

另一項參賽作品讓觀者能體驗參觀美墨邊境。還有另一

項作品則以卡通的方式，探索在二戰期間擔任丹麥特務的生活等等。可別光聽我說，造訪一下 Digital Dozen 的網站（http://digitaldozen.io/2018-awards/），一窺數位傳播與說故事令人驚奇的未來。

此處的重點在於**未來不會一次全部發生，而是以不平均的方式開展**。如果你能「採訪」未來開始出現的地方，就能先睹為快。

別放過任何預示的線索

臉書利用個資來支撐公司的商業做法，相關爭議依舊沸沸揚揚，持續延長未能留意組織邊緣發生的事所帶來的風險。此外，也凸顯出有必要關注直接接觸新興轉折點的人士，他們最能協助你了解現況。

如果你位於邊緣，那麼別忘了：**你上場的時刻可能來得比你以為的早**。在最前排觀察即將發生的轉變，將使你洞燭機先，搶先知道現在就該採取哪些行動。

重點回顧

雪從邊緣融化。即將徹底影響公司未來的變化，正在邊緣

醞釀。不想突然被轉折點將一軍的話，你需要接觸邊緣正在發生的事。

重大策略轉折點帶來的巨變，通常會過好長一段時間才顯現。你第一次見到時，那些轉折點尚未「完整」，但如果仔細留意，就能在還有機會加以影響的時候，及時看出發展方向背後的意涵。

本章介紹的 8 種方法，將有助你看見邊緣正在發生的事：

一、一定要讓位於公司邊緣的人士，有辦法直接連結策略擬定者。

二、思考未來的意涵時，一定要納入多元的觀點。

三、不可逆的重大決定（類型一），需要運用深思熟慮的決策流程。可逆的實驗性決定（類型二）則授權給敏捷的小型團隊。

四、鼓勵充滿學習機會的小賭注，最好讓組織各角落的同仁一起來。

五、盡量直接接觸現場──「走出辦公大樓」。

六、確保公司有願意聽真話的誘因，而不是反過來。

七、意識到公司同仁何時處於否認狀態。

八、讓自己和組織在今日接觸未來正在發生的地方。

你不需要是身居高位的執行長，也能看出轉折八成將如何發展。事實上，你愈靠近對你的企業有利的外界潮流，就愈可能看出轉折點。

第 2 章

找到領先指標
訊號愈弱，策略愈自由

有可能發生的災難，遠多過實際發生的數量。

——馬倫（Patrick Marren），未來策略集團

（Futures Strategy Group）總顧問

醞釀中的轉變發出微弱或模糊訊號時，若能及早發現，便能搶先準備，抓住轉折點。

當改變顛覆商業模式基礎的基本假設，轉折點就出現了，有人稱此是 10 倍速變化。在明確無誤的那一刻來臨時，就該動員軍隊，凝聚士氣，盡全力讓組織做好準備，迎接轉折點出現後的世界。

本章不談事情**明朗化後**的事，專門看在恍然大悟前，那段凡事很難講的**混亂時期**。那段期間有可能出現種種變化與威脅，但當中也的確蘊藏著機會。在那段瞎子摸象的期間，眾人對於大環境中的某個轉變究竟有多重要、影響力有多大、多危險或多珍貴，各執一詞，眾說紛紜。

警訊發現得早，還要應對得巧

《新聞週刊》（*Newsweek*）在 1995 年 2 月刊出史托爾（Clifford Stoll）的文章〈為什麼網路不會是天堂〉（Why the Web Won't Be Nirvana），指出網路早期的大熱現象只不過是炒作，今日讀來令人捧腹大笑。史托爾寫道：

> 在夢想家眼中的未來，人們將遠距工作，此外還有互動式的圖書館與多媒體教室。他們大談電子的市民大

會與虛擬社群。貿易與商業將轉移陣地，從辦公室與購物中心移至網路與數據機。此外，數位網路的自由將讓政府更民主。

真是一派胡言。我們的電腦專家是不是缺乏常識？真相是線上數據庫不會取代你每天讀的報紙。CD-ROM取代不了屬害的老師。不可能會有電腦網路改變政府的運作方式……

那電子出版呢？試著用光碟讀一本書，最好的下場是麻煩透頂：用笨重電腦發出的讓人近視的螢光，取代書籍友善的紙頁，更別提你不可能拖著筆電去沙灘。然而，麻省理工學院媒體實驗室的主持人尼葛洛龐帝（Nicholas Negroponte）卻預測，我們很快就會直接上網購買書籍與報紙，講得跟真的一樣。

然而，刊出這篇文章的《新聞週刊》，從每年出 40 期紙本雜誌，日後在 2012 年破產，成為史托爾筆下永不會成真的重大改變的受害者。

不過，看見正在發生的轉變，不一定表示就該衝去投資。

舉例來說，在 1995 年，也就是亞馬遜成交第一筆生意，也是史托爾對數位世界表達懷疑的同一年，研究人員調查哪些類型的公司使用網路，又是用於哪些事業用途。他們

研究在網路的商業用途還相當原始的時期，就已經建立網頁的 300 間左右的企業。雖然有幾位受訪者看準技術正在成熟，準備「攻城掠地」，其中一位研究參與者說出了多數公司的感受：

> 銷售寥寥無幾，甚至不太夠支付請網路提供商維護網站的成本……我認為至少還有 20 年，除了電腦產品，網路不會是可行的行銷工具。

回想一下，1995 年的網購經驗和今日有著天壤之別。就連到了 1997 年，別的不說，家中有電腦的美國人甚至不到四成，有網路的更是不到兩成。就算有網路，大部分是慢如蝸牛、問題重重的撥接式數據機，外加通常使用「美國線上」（America Online, AOL）的服務。AOL 當時依舊以小時計算上網費用，後來在 1996 年提供每月 19.95 美元的吃到飽服務。雖然吃到飽可以減少收到帳單時網路費是天價的焦慮，但也導致流量爆表，許多顧客乾脆停用這項服務，因為永遠忙線中。

早期的時候，很少有方便又能信任的網路付費方式。電子商務尚未成為主流，就連找到想買的東西都不容易。各家搜尋引擎使用不同的商業模式，有的按搜尋次數付費，導致顧客興趣缺缺。別忘了，當時雖然有早期的搜尋引擎，還要

再過好幾年，才會出現 Google 有效運用的演算法廣告模式，用戶則免費使用。

我們今日所知的 24 小時運轉的快速寬頻，大約在 2000 年才真正起步，一直要到 2007 年左右，才有一半的美國家戶同時擁有電腦與寬頻。當然，值得留意的是蘋果也在 2007 年推出第一代 iPhone，等於把寬頻放進每個人的口袋。

老實講，由於當時的技術還不是很成熟，從 1995 年傳統零售業者的觀點來看，大力投資網路事業確實莽撞。轉折點正在浮現時，將有一段相當混亂的時期。AOL 與時代華納（Time Warner）2000 年的購併案，讓許多人突然感到或許該大力押寶網路，但合併後 AOL 與時代華納，一下子便荒腔走板，讓許多人感到大型的網路投資不可能有好結果。試圖運用新興轉折點時，動作太快會吃到苦頭。

早期的網路說明了轉折點的棘手之處。轉折點首度出現時，雖然有可能猜測未來的走向，但早期階段不免有不足之處。一直要到有人提供足夠的解決方案，生態系統才會成型。以區塊鏈為例，這項技術目前處於耀眼的發展階段，替長期令人感到困擾的問題，提供前景可期的解決方案，例如：以分散法帶來信任感。然而，全面運用區塊鏈的制度架構尚未完善，還沒有成為主流所需的統一協定、標準或規則。儘管如此，那完全不代表應該忽視區塊鏈，只代表我們需要了解這項技術還需要什麼，才能變得實用、那件事又是

什麼時候會發生。

在本書寫成的當下，新興的大數據、人工智慧、虛擬實境、遊戲化等眾多創新所代表的轉折，全都值得留意，但尚未完全成型。許多觀察者合理判斷不會有太大的進展。事實上，許多炒得震天價響的潛在轉折點，最後都無聲無息（無紙化辦公室、家庭 3D 電視、智慧型家電……族繁不及備載）。

到了 2005 年左右，網路從各自為政又難用的混亂服務，變成大家做很多事的地方，包括尋找實用資訊（Yahoo）、清理衣櫥（eBay）、寄信與收信（AOL）、與地方社群中的其他成員連結（Craigslist），以及真的可以買東西（Amazon）。數位化與創造性工作因此受到的潛在影響，不再是全新的現象。

換句話說，到了那個時間點，即將發生大事的訊號與鼓聲，已經清晰可辨，八九不離十，相關人士有採取行動的重要動機。本章要探索的時期，早於轉折點的訊號已經明確無誤。在那段期間，太多東西都代表著可能的轉折點，要在一片微弱的訊號中找出真正重要的訊號，將是不小的挑戰。

沒錯，你猜對了，有一點諷刺的是，同樣也是在 1995 年，蓋茲（Bill Gates）出版《擁抱未來》（*The Road Ahead*）。他在書中指出：「我們永遠高估接下來兩年會發生的變化，但低估未來十年將發生的事。不要放鬆警惕，不採

取行動。」蓋茲指出問題出在炒作週期（Hype Cycle），也就是某種嶄新事物引發大眾的想像力，造成一股熱潮，但近期沒發生任何變化，導致人們感到被騙，不認為改變正在發生，忽視重要性。蓋茲當時的確預測到資訊高速公路，但諷刺的是微軟最後被網路奇襲，公司處於守勢。

蓋茲 2000 年選擇長期擔任副手的鮑爾默（Steve Ballmer）接替他的位置。微軟的獲利情況相當良好，但矽谷人士卜蘭克（Steve Blank）在 2016 年指出，微軟在鮑爾默時代未能抓住 21 世紀最重要的五大技術潮流：「在搜尋這方面輸給 Google；智慧型手機輸給蘋果；行動作業系統輸給 Google ／蘋果；媒體輸給蘋果／ Netflix；雲端輸給亞馬遜。微軟在 20 世紀結束時是 95% 的電腦使用的作業系統，這幾乎是所有的桌機。21 世紀過了 15 年後，智慧型手機出貨 20 億支，而微軟行動作業系統的市占率是 1%。」

其他競爭者注意到的微弱訊號，你無視會有風險。

微弱訊號代表著策略機會，因為你愈早發現醞釀中的轉折點，就愈容易構思出有效處理的策略。我很喜歡拿開車為例比喻：當你看得見遠方，稍微動一下方向盤，就能調整行進方向。然而，萬一轉折點已近在眼前，你將需要一下子大轉方向盤。

換句話說，路障在遠方的話，只需要微調，但要是車子前方突然冒出路障，將需要非常、非常大動作的調整。

選用對的指標

　　許多管理者以數據導向自豪，執著於確切的數字，頭頭是道。我有朋友是 IT 公司印孚瑟斯（Infosys）的資深主管，他的口頭禪是：「上帝我們是信的，至於其他人，全部拿數據來再說！」許多組織同樣也將數量驚人的管理時間，用在準備條理分明的投影片、鉅細靡遺的試算表，以及一條一條列好數據來源。

　　然而很不幸的是，如此執著於事實論據的問題，在於事實通常是某件事可能具備重要性的落後指標。等你終於有確切的事實證明在手，帶來那個數字的事早已發生。

落後指標

　　落後指標是先前某個行動的結果或結局。我們最常使用的商業指標，許多都是落後指標。利潤、營收、投資報酬率，甚至是每股盈餘，全是先前某個時間點做的決定引發的日後結果。

　　我合作的許多公司在做最重要的決定時，極度仰賴落後指標，有可能因此造成意想不到的盲點。研究顯示，即便是表面上最「一是一、二是二」的指標，例如會計數字，依舊可能受個人偏好影響，但我們依舊以不可思議的程度，深信

數字不會騙人。我們在做與策略有關的決策時，因此系統性偏向落後指標。問題出在等轉折點把新現實帶到你面前，已經有點來不及。

　　確切數據如果能讓你因此觀察出一段時間的模式，協助你辨認某種趨勢或中斷的情形，那麼確實有用。然而，就數字本身來講，如果你的目標是了解未來與洞燭機先，其實用處不大。

　　常見的落後指標包括：

◆ 營業利益率：你目前從銷售中獲得多少利潤
◆ EBITDA：未計利息、稅項、折舊與攤銷前的利潤（用以表示公司在不計額外資訊時的盈利）
◆ 營收／營業額：公司在某段期間的總收入
◆ 營收成長或下滑：先前的時期發生的變化
◆ 淨資產報酬率：淨利除以產生該淨利的資產
◆ 營業利益變化：先前的年度產生的變化

　　從定義看得出來，前述每一項數字都代表某種**結果**，反映出帶來數字的行動，但完全沒說出需要怎麼做，那個數字才會在未來講出不同的故事。過分專注於落後指標，令許多策略家與長期思考者感到沮喪。太多上市公司執著於季度獲利。為了讓每季的落後指標好看，犧牲對長遠發展有利的要素。

現況指標

現況指標提供的資料，描述事情目前的狀態。許多即時系統廣受歡迎，原因是知道當下身處何方極為重要——有點像導航 app，顯示你目前的所在位置、還有多久會抵達目的地。從連結感應器的監視，再到企業資源規劃系統（enterprise resource planning system, ERP），整個產業建立在能夠回答一個問題：現況如何？

許多現況指標源自特定產業證實可行的成功方程式——換句話說，依據的是某個時間點的狀態。管理者學習留意現況指標，分析師受訓研究現況指標，員工與主管也把注意力放在現況指標上。此外，預測未來成功要仰賴哪些因子時，現況指標通常也被視為理所當然的參考點。

舉例來說，傳統的能源業以集中式的能源供應電網為準，逐漸歸納出幾個關鍵的績效指標，包括：

◆ 停電與平均時間：顧客目前碰上多少供電問題？
◆ 按部門分類的用電：誰使用你提供的能源、在什麼時間使用？
◆ 營運現金流（operating cash flow, OCF）：營運帶來多少現金？
◆ 產品成本：生產能源有哪些成本？不同的成本來源，各有

哪些優缺點？

◆ 可用率因素（availability factor）：你有多容易立即滿足目前的能源需求？

◆ 資產利用率：你使用資產的有效程度有多高？

電網式的公用能源公司大幅度受到管制。只要那些關鍵限制還在，使用前述的指標（關鍵績效指標）就有道理。然而，此類指標不太能告訴你，如何能替未來的能源事業做好準備。本章後面會再談，這一類的現況指標反映不出各種新發展，包括：可再生能源概念問世，能源能夠以分散式方法再生，接著回售給電網；電動車隱藏的能源消耗意涵；「智慧型」恆溫器帶來的用電改變；以及未來的顧客將能選擇供應商和互動機制。

員工的獎勵機制通常與績效連結，也就是看員工有多能提升現況指標，這也難怪許多人只關心現況指標。然而，在變動的環境中，這種做法將帶來大量盲點。前文提過，轉折點會改變關鍵指標的本質，動搖你的行業中理所當然的假設。只關注現況指標的助益不大。

領先指標

領先指標代表你的行業尚未成為事實的事，日後有可能

成真，但目前還只是假想、推測與設想。領先指標通常是質性而非量化，經常以敘述性的文字和故事呈現，不會是精確的 PowerPoint 圖表。高階主管因此在依據領先指標做重要決策時，通常猶豫再三，但在策略轉折點的世界，這種心態相當不智，因為有關於未來的事，將必須從領先指標中尋找。

普羅希特（Sanjay Purohit）是印孚瑟斯公司的領導人物，十多年間擔任規劃長。他的核心職責是在今日的關鍵績效指標之外，花大量時間尋找領先指標。普羅希特告訴我：

> 組織在預測轉折點時，永遠會預先替領先指標提出模型……我尋找位於組織邊緣的知識，問自己：你如何與邊緣互動？我過去花大量時間和銷售人員相處，待在市場上聆聽與尋找線索──銷售人員是否看見他們不一定表達得出來的事，但事情正在轉變？……你可以說這是在做大量的訊號處理。我花很多時間試圖捕捉這類訊號。

普羅希特見證印孚瑟斯數度走過轉折點。在最近一次（2014 年）的轉折點，由他擔任印孚瑟斯旗下新創公司 EdgeVerve Systems 的創業執行長（founding CEO）。相較於孚瑟斯的傳統核心事業，這個子事業的任務是探索平台策略

的前途，直接回應亞馬遜網路服務（Amazon Web Services, AWS）、Google，以及其他正在茁壯的平台代表的早期警訊。

指標與結果之間的關係

下表是各種指標與結果之間的關係。假設你想了解的結果（事實）是顧客流失率，也就是在某段期間，你的事業有多少顧客移情別戀。光是知道那項資訊，無從得知如何能降低流失率，但你追根究柢時發現，期間 1 的顧客滿意度與期間 4 的流失顯著相關，顧客滿意度因此可以是未來顧客流失率的指標。

那麼顧客滿意度的基礎又是什麼？許多研究顯示，員工的滿意度與敬業度扮演著重要角色。員工敬業度因此是觀察顧客日後流失的領先指標，而員工敬業度又是你能想辦法加以影響的因子。

如果你想了解不同的結果，例如員工流失率，那麼以這個例子來講，可以把員工敬業度當成另一種指標。相較於無心做事的人，高度敬業的員工比較不可能離開你的組織。領先指標因此是員工被有效管理的程度，尤其是學者艾德蒙森（Amy Edmondson）多年前便發現，團隊中的心理安全感，與員工的敬業度與續留意願高度相關。Google 近來所做的

落後指標	現況指標	領先指標
顧客流失率	顧客滿意度	員工敬業度
員工流失率	員工敬業度	管理有效度
新產品帶來的營收	顧客使用	「顧客愛你」

大型研究亦證實此一說法。

第三個例子是 2014 年取代鮑爾默成為微軟執行長的納德拉（Satya Nadella）。納德拉一改鮑爾默時代的特色（矽谷人士卜蘭克直率地批評這段時期），不繼續專注於 Windows 帶來的利潤，領導方式完全奠基於領先指標。如同納德拉在 2015 年的訪談中表示：「我們不再談成功的落後指標，沒錯，也就是營收、利潤什麼的。成功的領先指標是什麼？顧客愛你。」

納德拉基本上是在下一個很大的賭注，賭能不能弄對領先指標，就自然水到渠成。他上任幾年後，人們大力讚美他改變了微軟這間軟體巨人，讓微軟在新興的科技成長領域再次站穩腳步，甚至把微軟的 Azure 雲端服務，和亞馬遜強大的 AWS 相提並論。

說到這，我們不禁要問，**如何能在還看不見的早期階段，就替潛在的轉折點開發領先指標？**

策略自由度與訊號強度的反向關係

原名未來集團（Futures Group）的未來策略集團（Futures Strategy Group）顧問公司，提供找出領先指標的實用模型。第一步是評估某個未來資訊的「訊號強度」（signal strength）。

如圖 1 所示，訊號在早期階段很微弱，訊噪比（signal-to-noise ratio）相當低，此時不太適合採取任何重大的策略動作，因為不確定性依舊很高。

然而，資訊會以非線性的方式增強，回到先前網路的例子，在 1995 年到 2000 年間，網路會對零售（或其他任何

圖 1　訊號強度隨時間增加

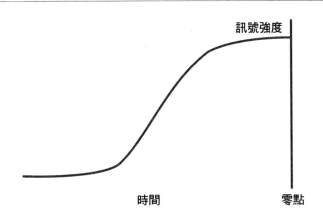

事）帶來重大影響的訊號，依舊充滿雜訊。雖然有人看好這股熱潮，有的人嗤之以鼻。實情是網路在那段期間帶來的影響，依舊受限於缺乏生態系統（撥接型的數據機又慢又貴、頻寬有限、能獲利的商業模式屈指可數等等），各家企業依舊寸步難行，但到了 2000 年至 2005 年間，在最初的網路泡沫存活下來的公司，已經摸索出可行之道。

電子郵件成為常態，寬頻與 24 小時的連線也開始普及。理性人士原本能提出合理的質疑，但在極短的一段時間內，網路的確會改造世界的訊號變得無庸置疑。你可以想成在 2000 年至 2005 年間，訊號強度快速增加。在那之後人們一眼就能看出，所有能以數位方式傳送的商品消費類別，數位科技都將帶來重大影響。到了圖 1 的「零點」（Time Zero），書籍、音樂與其他產品的數位化將成為主流。

擬定策略的困難之處，在於我們希望做決定時，手中能有零點的明確資訊，但此時早已太遲，人人都看出轉折點，及早回應的機會已然失去。情況有如圖 2 的模型。

如同此圖所示，策略自由度與訊號強度事實上是反向的。人生很不公平，在你擁有最豐富、最可信的資訊的那一刻，通常也是你最無力改變資訊所說出的故事的時刻。

這也是為什麼需要建立情報系統，偵測早期警訊。前文提過，當訊噪比很低或時候還早，不適合在策略上有大動作，但你也不會想要一直等到事實已經明擺在每個人面前才

圖 2　策略自由度與訊號強度的反向關係

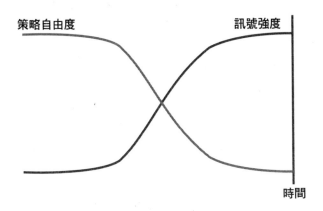

行動。你必須有一套辦法，在有時被稱為「最佳警訊」（optimum warning）的那段期間獲得資訊，也就是圖 3 中間的那一段。

圖 3　最佳警訊期

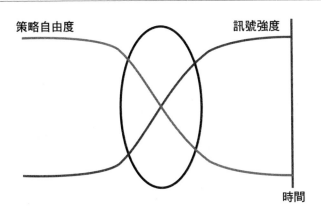

接下來是建立情境，找出潛在的零點事件。

激發想像力，放大考量未來

轉折點將打破事業最基本的假設，推翻決策者眼中大部分的「事實」。領導者通常很難想像不一樣的世界，接著就會太常導致策略上措手不及。

舉例來說，美國餐飲業從內用轉向外帶。今日所有購自餐廳的餐點，大約 63% 不在店內享用。許多餐廳業者感到錯愕，因為他們當初踏入這一行，不只是為了準備食物，而是提供賓至如歸的美好用餐體驗。如同某位餐廳老闆所言：「這完全是不一樣的生意。」他有幾分惋惜：「我從事這一行，不是為了把食物裝進盒子。」

回應這項挑戰，直截了當的有用做法，是拓展你準備納入考量的可能性。有的組織採取「情境規劃法」（scenario planning）。

探討進階情境規劃技巧的文獻汗牛充棟，精彩介紹如何能想像未來，不過本節的目的是找出潛在的重要未來零點事件，不需要複雜的情境練習，也因此我建議利用簡單的 2x2 方格，概述未來的可能性就夠了。每格的內容要夠不一樣，指向不同的零點結果。

　　這個練習的關鍵是避開兩件事：（一）你想像中的未來，只有一件事改變，其他每一件事照舊；（二）只想著線性的變化。我最喜歡舉的例子是經典的電視節目《傑森一家》（*The Jetsons*）。早在 1962 年，片中的幫傭已經由機器人擔任，還有空中飛車，但劇情的性別角色與工作分配，依舊是不折不扣的 1962 年！

　　葛洛夫在 1997 年談到，**正在出現改變的指標是合理的起始點**。他建議考慮 3 種未來的情境：

1. 你的關鍵競爭對手即將改變。如果你只有一顆一槍斃命的銀彈，你會瞄準誰？
2. 你的主要協力業者即將換人，生態系統不再一樣。
3. 弄清楚「外頭」是怎麼一回事的管理能力大幅減弱。

　　接下來的例子是 2017 年時，我與某傳統配電公司合作。「未來的需求」與「未來的容量配置」替該公司帶來了不確定性。

　　首先，我訝異得知出於種種理由，全球大部分的地區，已經處於用電緩慢成長的模式一段時間。許多公司在此一轉折點跌了一大跤，就連眾口交讚的奇異公司（General Electric, GE）也一樣。奇異的電力事業因此出現龐大的過度投資、損失與裁員，高層換血，不再是全美名列前茅的營運

資優生。

此外，發電部門多年採取的配電模式，是大型發電廠的輸電線纜，但潮流正在走向簡稱 DER 的「分散式能源」（distributed energy resource）。在這種分散式電網的模式下，電力不僅來自傳統發電廠，也來自風力與太陽能等可再生能源，單向的傳統做法變得過時。集中式電網碰上的另一項威脅，來自電池技術的進展。全球有許多地區負擔不起電網，或是基礎建設對小偷來講太值錢，有人會動手腳，導致供應變得不可靠。即便是以今日的電池技術來講（由太陽能電池提供電力），一天之中某些時段有電，總比完全沒電好。對於無力負擔的地區來講，電網的吸引力較小。

光是這兩項不確定性，就能考慮以下的情境：

	以集中式電網為主	運用太陽能與風力的分散式電網
需求大增	穩定：理所當然投資大型的發電與配電設備	智慧型電網的未來：高度可能成為霸主的科技與途徑
需求緩慢增加、持平或下降	效率獲勝：自然該投資效率更好的小型系統	破壞的海嘯：必須全面重新思考產業經濟

接下來是替每一種情境，分別想出幾種零點的考量。零點事件必須明確說明未來的特定結果，呈現轉折點出現的時刻。以這裡的能源公司例子來講，零點事件如下：

	以集中式電網為主	運用太陽能與風力的分散式電網
需求大增	零點：80% 的容量由昂貴的高階機器提供	零點：所有的能源投資中，三分之二投入太陽能與風力技術
需求緩慢增加、持平或下降	零點：超過五成的電力由小規模或再製設備提供	零點：五成的電網成為電力依據供需情形起伏的市場

做這個練習時，想納入多少你認為值得認真考慮的不確定性都可以，但試著不要太過頭，3 到 5 個大概是最容易消化的數量。

零點事件

預期可能出現的未來時，一定要考量多元情境，拓展範圍。下一步是替潛在的未來，提出早期的警訊。一般會問發生該情境之前的 6 個月、12 個月或 18 個月，哪些事為真？接著建立指標，找出出現這種結果的可能性變高或變低。

以剛才的例子來講，假設我們取的零點事件是「三分之二的總能源投資投入太陽能與風力技術」。

零點範例：三分之二的能源投資用於太陽能與風力

　　6 個月前：

◆ 電池價格讓可再生能源電網解決方案的成本效益，和傳統的能源供應一樣。

◆ 新設備的訂單情形符合此一事件。

　　12 個月前：

◆ 資本預算分配的資源請求，從傳統技術轉換至可再生技術。

◆ 新的儲能量讓可再生來源產生的能源，能以符合成本效益的方式儲存，不再需要傳統的尖峰發電廠（只在高需求時段運轉）。

◆ 可再生能源與其他的能源來源平價，也就是達成「市電平價」（grid parity）。

◆ 開始採用 DER 後，誰能享有好處、代價將由誰支付的法治布局。

　　18 個月前：

◆ 政府出現重大轉變，從傳統走向新興市場的可再生供應。

◆ 誘因產生變化，偏向可再生能源，例如：投資稅收減免與
　生產稅收減免。

◆ 大量新進者進入此一空間，有新創公司，也有老牌企業。

◆ 不可再生的發電大量退役，例如：煤炭發電。

　　現在：

◆ 預計太陽能與風力投資將上升，導致總能源投資將在幾年
　內有三分之二將投入可再生來源，

◆ 預測需求將急速增加。

◆ 預測效率將快速上升，也因此不需增加投資，也能滿足需
　求。

◆ 誰能享有 DER 的好處、代價由誰支付，將出現大量的法
　律攻防戰。

　　建立起一套指標後，接著是兩項關鍵行動。一是指派人
追蹤正在出現的零點事件，而且要讓每一個有可能接觸相關
資訊的人，知道負責人是誰。有必要這麼做的原因在於我經
常發現，被轉折嚇一跳的企業，其實組織裡處處有正在發生
什麼事的消息，資訊在某處，但沒人見到足夠完整的全貌，
得以解讀情勢。

　　由明確的人選負責關注特定的未來事件，將增加組織裡

的消息有去處的機率，並由此看見全貌。此外，記得察納雅言。沒坐在主管辦公室裡的人員，他們的話是寶貴資訊。也就是前文談的到邊緣搜集事件的資訊與洞見。

第二項關鍵行動是讓管理階層的議程表，安排一定的時間，更新團隊的知識，了解早期的警訊。別忘了定期追蹤與更新指標。出現新資訊時，可以在平日的檢討會議上調整情境與零點事件。這麼做的額外好處是留下學習紀錄，協助人們回憶當初為什麼會做某個決定，測試哪些事可能已經出現變化的假設。

開此類會議時，除了提供支持常見講法的資訊，也一定要提到挑戰根深蒂固的正統說法的資料，要不然只是白費時間。人們將繼續待在同溫層，依據原本的假設做事。

學校教育的未來

讓我們來看另一個部門的例子。據說數位革命也將以某種方式顛覆這個部門。

理論上，教育現在應該已經徹底被顛覆，為什麼還屹立不搖？因為向他人證明你具備哪些知識，依舊很困難。有名望的機構頒發的證書，依舊是最有力的證明。

然而，要是**不必取得學位，也能有證書呢**？想一想音樂

產業的例子。音樂開始一首一首販售（或盜版），不需要一次購買整張專輯，再加上串流服務與現場表演愈來愈受歡迎，原本的產業出現重大轉折點。想像一下，如果高等教育也發生類似的事？如果不再是頒發學位證書，而是單項技能程度的證書呢？

高等教育：遲未出現轉折點的早期警訊

教育會被顛覆的預測由來已久。專家先是預測，將由影片推翻既有的教育模式，後續被點名的還有收音機、電視，以及當然少不了電腦與網路。有的人甚至提出影片將完全取代教育。

許多決策者認為，對高等教育的模式來講，網路問世是可信的威脅。2000 年時，運氣不佳的線上教育平台「Fathom」，試圖成為全球資訊網上的先進者。今日則有「大規模開放線上課程」（massive open online course, MOOC），數百萬學習者湧進 Udacity、Coursera、edX 等平台。更多人則是固定免費從 YouTube 取得知識，上頭少說也有 40 萬堂「課」。

然而，儘管大受歡迎，MOOC 等類似的課程，尚未帶來足以破壞高等教育的轉折點。相關課程一直苦於各種問題，包括提供量身打造的體驗、盈利，以及我認為最重要的

關鍵，在於學生能領到什麼樣的證書。

學歷通膨

　　大學學歷或許是傳統教育模式出現重大顛覆的最後一道阻礙。原因純粹是偷懶。學歷是現成的捷徑。你想減少收件匣裡等著篩選的履歷嗎？很簡單，那就要求擁有某種證書，例如：學士學位。砰！應徵者的名單一下子短很多。事實上，美國勞工統計局（Bureau of Labor Statistics）的數據顯示，今日 21% 的初階工作要求要有四年制的大學學歷。

　　要求學歷對人事部門來講很省事，卻造成大量意想不到的負面結果與副作用。整整 83% 的潛在拉丁裔應徵者，以及 80% 的潛在非裔美國人應徵者，因此被篩掉。那可是很大量的人才。

　　哈佛大學的富勒（Joseph Fuller）與拉曼（Manjari Raman）指出，這樣的數字顯示了「學歷通膨」（degree inflation）。兩人鉅細靡遺地分析 2,600 萬份徵人啟事後發現：

　　　　學歷鴻溝（「徵人啟事要求大學學歷」與「擁有大學學歷的現職員工」之間的差距）很驚人。舉例來說，2015 年時，67% 的生產監工徵人啟示要求大學學歷，但受雇中的生產監工僅 16% 讀過大學。我們的分析顯

示，超過 600 萬份工作目前處於學歷通膨風險。

此外，把四年制學歷設為獲得一份好工作的障礙，引發了惡性循環。學生背負沉重的學貸，接著雇主雇用他們，也得付更多薪水。

雇主僅願意支付若干薪水，但由於必須償還學貸，願意接受富勒與拉曼所說的「中階技能」工作的應徵者減少，包括監工、支援專員、銷售代表、檢查員與測試員、店員、祕書、行政助理。相關職位因此很難找到人，公司找不到成長所需的工作者。求職者也不得其門而入，無法開啟中產階級的生活。如同富勒與拉曼所言，雇主剝奪的就業機會，整整等同三分之二缺乏四年制學歷的美國人。

人們不是不想取得大學學歷，但《紐約時報》指出，44% 的高中畢業生一畢業就直接進入四年制大學，但其中不到一半能在 4 年內拿到學歷。此外，大學學費漲勢驚人。研究發現，學費在 1985 年至 2011 年間飆升 498%，幾乎是整體消費者物價指數的 4 倍。2017 年時，美國人欠下 1.3 兆美元的學貸，那是 10 年前的 2.5 倍以上。

要念大學還是要完蛋？

為了替符合資格但缺乏學歷的求職者，媒合他們做得

了、又不要求學歷的工作很困難，導致美國人正在尋求學徒制等替代方案。以瑞士為例，完成九年教育的學生，有七成會走技職道路。《紐約時報》在 2017 年報導，「從 10 年級開始，學生會輪流在雇主、產業機構與學校間，接受 3 至 4 年的訓練與指導，學習實作，而且有薪水。瑞士的年輕人失業率全歐最低，大約是美國的四分之一。」相較之下，美國的情形則是「多數學生必須選擇大學或死路一條」。

在瑞士的系統，學徒制被視為和大學教育一樣重要，同樣能奠定美好人生的基礎。只有的確需要進階課堂授課的職涯，才念大學，例如：法律、醫學、會計。

美國系統中的大量參與者，未能取得良好的服務。許多學生欠下難以償還的債務，雇主找不到需要的員工。能夠勝任特定工作職責的數百萬人被拒於門外。一切都是因為我們持續用學歷，代替其他我們真正在乎的事，也就是軟技能，包括寫出具備說服力的文字、與技術互動的能力等等。

檢視高等教育近期的議題

系統中得到糟糕服務的成員夠多時，轉折點就有生根的肥沃土壤。我認為非傳統證書後市看好：由某種具有公信力的認證機構，依據**技能程度**來證實技能，而不是**學位證書**。

需求絕對存在。大量的線上資源與個人能用於學習的其他工具，正在製造非典型認證系統的需求，出現大量的學生實驗，以線上標誌與通過驗證的證明，輔助傳統的成績單，但此類網路證書雖然已經問世好一陣子，人們持續懷疑能否取代傳統的學位證書。

懷疑的現象正在出現轉變。LinkedIn 內部所做的知識學習與培養專家調查證據顯示，傳統模式正在減弱。六成受訪者認為，雇主正在走向以技能為本的雇用方式。換句話說，「雇主挑應徵者時，看的是應徵者能做什麼，而不是學經歷。」57% 的受訪者表示，雇主愈來愈看重非傳統證書，其中一位甚至表示傳統證書「很無聊」。

支持替代證書的商業模式開始出現。高等教育的龍頭支持者培生（Pearson），旗下有一整條事業線，協助機構提供傳統學歷證書的替代方案。隨著教育機構開始跟上需求，納入非典型課程，此類做法受到歡迎。培生的 Acclaim 平台與企業合作，提供員工受到重視的成就證書。

Degreed 等新創公司，也開始建立認證人們具備技能的事業。從變革管理、演講技巧到 HTML 程式碼，Degreed 的學習流程提供各式能力證書，證明應徵者在特定的研究領域，通過嚴格的專家評估流程。此外，該流程也認證應徵者掌握相關技能的程度。

普渡大學（Purdue University）在 2016 年，推出另一項

可能顛覆傳統教育模式的創新，名稱是「收入分享協議」
（income share agreement, ISA）。校方提供學費全免或大力
補助學費，交換學生未來一部分的收入。這類計畫引發爭
議，但獲得關注的程度正在增加，再度顯示對許多相關人士
來講，現存的模式並不理想。

非傳統學歷證明未來更吃香

今日高等教育機構目前的狀態，尤其是大型的研究型大
學，讓我想起遭到小型煉鋼廠大幅破壞的一貫作業煉鋼
廠。當然，克里斯汀生已經談這件事好長一段時間，他在
《來上一堂破壞課》（*Disrupting Class*）一書中發表過相關見
解。

如同一貫作業煉鋼廠，高等教育經濟仰賴少有其他替代
品。客戶如果不向一貫作業煉鋼廠採購，沒有多少門路可以
取得鋼材，美國學生也一樣，他們感到別無選擇，只能上大
學，取得求職的敲門磚。學生一定得整套課程照單全收，有
必修課，即便對課程主題不感興趣也一樣。

教授獲得獎勵的條件，不是他們春風化雨，讓學生對知
識感興趣，而是看研究能力。在我們的許多學術機構，很多
教授把教學視為某種干擾。以商學院的研究來講，喬治城大
學（Georgetown University）的哈蒙（Michael Harmon）寫

過標題令人莞爾的文章：〈商業研究與中國的愛國詩詞：地位競爭如何扭曲美國商學院研究與教學的優先順序〉（Business Research and Chinese Patriotic Poetry: How Competition for Status Distorts the Priority Between Research and Teaching in U.S. Business Schools）。該文猛烈批評商學院必須產出學術研究的任務，「抹殺了『研究生產力』與『促進任何值得讚揚的社會價值、實務價值或知識價值』之間的所有明顯連結」。時間再拉近一些，我的同事丹寧（Steve Denning）也批評商學院提供學生過時的課程。

一般來講，系統無法替成員帶來想要的結果時，將無法支撐。然而，大學系統有緩衝，因為大學全面掌控著非常重要的證書：學歷證明。

如同小型煉鋼廠是從「低階」的鋼鐵市場起家，基本上是替最不誘人、對價格最敏感的顧客，製造品質最差的鋼鐵，非傳統證書也從「低階」的教育市場起步，提供訓練營、線上課程與短期訓練。然而，如同小型鋼鐵廠，我們可以預測一段時間後，品質、範圍與管道將出現改善，對既有機構產生的影響也將變大。

隨著這樣的變化開始影響更多大學，有可能出現幾種結果。首先是大學院校以研究為主的教員安排與誘因模式將縮水，變成某種名人模式。學校將以更快的速度，在課堂上更加大力仰賴兼任教師。相較於專心從事學術工作的教員，受

歡迎的講師可能更有需求。

克里斯汀生預測，另一個效應是大學「品牌」的重要性，將不如個別超級明星教授的「品牌」。在未來，相較於擁有哈佛或倫敦商學院（London Business School）的學位證書，更吃香的是你有證書能證明，你完成了克里斯汀生的破壞課程，或葛瑞騰（Lynda Gratton）的組織設計課程。

同理，排名與鑑定有可能降至各學程的層級，記者和觀察者不再排整體的「最佳商學院」名次，而是提出個別教育學程的排名。管理領域兩年選拔一次的「50大思想家」（Thinkers50），已經體現這樣的概念。該獎項尋找與排名對於理解管理有著重大影響的管理思想家，頒獎給特定類別具有卓越成就的人。值得留意的是，「50大思想家」是向個人致敬，而不是他們任職的機構。

讀懂弱訊號

剛才簡介的高等教育現狀，點出本書的幾個重要主題。首先，正在出現的轉折點，通常會經過很長一段時間才產生影響。第二，觀察者通常會預期重大轉變，但有可能要過好一陣子後，才出現完整的生態系統，以明顯的方式全面破壞現況。第三，太早行動很誘人，但通常不會有好結果，例如運氣不佳的 Fathom。

把力氣花在不會改變的事物上

我們身旁的一切似乎以驚人速度改變，但**思考策略時，最好也能同時思考非常不可能改變的事**。

再回到高等教育的例子，我們所知的大學系統不太可能消失（真的消失的話，也不令人欣慰）。人文教育依舊有其功能。許多接受過大學教育的人士，相當懷念當年的「成年」體驗。更可能發生的情形，將是出現具備公信力的非傳統文憑，一開始先提供給寫程式等易於評估的技能，但進階的創意與溝通技能最終也能加入。我樂觀認為，對於百分之百準備好要帶來貢獻、但無力或不願念四年大學的人士來講，**新型證書將帶來機會**。

套用亞馬遜貝佐斯的話來講：「我無法想像在 10 年後的未來，顧客會跑來告訴我：『貝佐斯，我愛亞馬遜；只是我希望價格再多調漲一點。』或是『我愛亞馬遜，但如果你們的到貨速度能再慢一點，那就更好了。』不可能有人講這種話。」貝佐斯想表達的是，如果你知道某件事長期為真，那就可以把力氣用在支持那個事實。

本書稍後會再回頭詳談這樣的思考方式。先劇透一下，**不會變的就是顧客的「用途」**。換句話說，雖然滿足相關需求的科技會變，人類的需求與偏好其實相當穩定。從烽火到書信，再到驛馬、電報、座機電話，再到今日的智慧型手

機，遠距離傳遞資訊的「用途」幾乎完全沒變，即便我們滿足這項用途的能力，已完全不可同日而語。

「用途」是強而有力的關鍵洞見，也是走過轉折點、脫胎換骨的核心。

重點回顧

轉折點發生在 10 倍速變化改變事業基礎的基本假設。由於相關假設被視為理所當然，以當下邏輯做事的高階主管，很難看見改變背後的意涵。

在轉折點的早期階段，很難看見潛在的影響，因為可能的解決方案不免尚不完整──改變僅影響系統的某些部分，此時就做大型投資是重大錯誤。

任何事業都有三種指標。落後指標提供的資訊是已經發生、無法改變的事。現況指標提供正在發生的事，假設事業目前的營運狀況，它有可能導致盲點。尋找即將來臨的轉折點時，領先指標最為關鍵，但也最難讀懂──此類指標通常是質性的，正在醞釀之中。

你握有的資訊品質，和你能改變故事的程度成反比。增加決策自信的方法是設定零點事件，也就是未來可能發生的重大事件，接著倒推回去，看看哪些條件可能帶來這樣的事件。

光是把關鍵的不確定性放在一起，就能説出相當不同的零點事件，這可以當成管理團隊的研究重點。安排時間做這項功課很重要，卻經常被忽視，這有可能導致策略盲點。

第 3 章

聚焦競技場
產業不能決定命運

（公司會停滯不前）的原因是他們一直以來相信的
事，或是最深信不疑的事，再也不成立。基本上，他們知
道的事不再是真的。

——歐爾森（Matthew Olson）、

范貝佛（Derek van Bever）、

魏理（Seth Verry）

前述這段話來自對負向轉折點的研究，歐爾森、范貝佛與魏理稱之為「成長停滯」（growth stall），一度成功的公司，營收卻突然暴跌，最主要的原因就在這。換句話說，環境裡的某件事，改變了公司領導者替關鍵策略元素，諸如公司的顧客、需要滿足的需求、競爭者等做的假設，但組織未加以回應。

想當然耳的假設會引發危機

一度讓組織成功的事，不再跟得上今日的環境後，最後將導致表現大幅下滑，甚至一蹶不振。此外，歐爾森、范貝佛與魏理發現，營收不是溫水煮青蛙式的逐漸下降。本章探索的理論顯示，負向轉折點有可能不幸造成崩盤。

我在《瞬時競爭策略》一書中，提過幾種優勢可能正在減少的早期警訊。你認為自家組織的領導者，八成會對多少項感到心有戚戚焉？

◆ 我不買自家的產品或服務。

◆ 我們的投資不減反增，利潤或成長卻不如以往。

◆ 顧客找到比我們更便宜、更簡單，但「已經夠好」的解決方案。

◆ 競爭來自意想不到的地方。

◆ 顧客不再對我們的產品與服務感到興奮。

◆ 我們想雇用的人才，沒把我們當成第一志願。

◆ 公司最優秀的人才正在離開。

◆ 我們的股價持續遭到低估。

◆ 我們的科技人員，例如科學家與工程師，預測新技術將改變我們的事業。

◆ 獵頭公司沒向我們挖角。

◆ 成長軌跡趨緩或下跌。

◆ 過去兩年少有創新成功進入市場。

◆ 公司正在削減福利，或是把更多風險轉嫁到員工身上。

◆ 管理階級否認潛在壞消息的重要性。

　　本章終於要談組織運用哪些能力（capability），打造出各環節的屬性（attribute）。你可以想成能力被轉換成屬性，而且情境中的各方行為者（actor）認為這樣的屬性具備意義。另一種理解這裡談的能力的方法，是把它想成傳統概念中的價值鏈：「在特定產業中營運的某間公司，為了提供市場具備價值的產品或服務，執行一套活動」。不同的價值鏈帶來相當不同的屬性，許多傳統的策略概念正是基於這樣的理解。

	基本——各方眼中理所當然的屬性	帶有識別性——足以區分不同解決方案的屬性	激勵——對利害關係人產生強大情緒影響的屬性
利害關係人視為正面	沒有商量的餘地——利害關係人認為所有的供應者都必須提供：如旅館有乾淨的床鋪	市場區隔——利害關係人心中各家供應者的差異：如 W 飯店不同於萬豪酒店（Marriott），它播放流行音樂	興奮——利害關係人壓倒性的正面反應：如萬豪旗下的萬怡酒店（Courtyard）瞄準商務客的原創祕方
利害關係人視為負面	可忍受——利害關係人為了獲得好處，願意忍受：如價格優惠	不滿意——利害關係人感到最好能避免，而每個人情況不一：如大排長龍的退房隊伍	憤怒——可以的話，利害關係人永遠都不想再跟這間公司打交道：如沒有免費 Wi-Fi
利害關係人視為中立	中立——不是所有的利害關係人都在乎這件事：如房內有電視	平行——除了實際的服務，利害關係人還看重體驗中的其他事：如會員卡計畫	不存在

　　探討相關元素的目的是睜眼看見可能性。有些事或許恰巧沒看到，但可能對你的事業產生重大影響。此外，我也建議各位思考策略時，可以模仿設計思考手冊的做法。布朗（Tim Brown）與馬丁（Roger Martin）的文章〈行動設計〉（Design for Action）提供了精彩的介紹，各位可以參考相關做法，尤其是最好拋出數個可能的策略，詳加討論，不只是讓原本就有的策略更上一層樓。

競技場分析圖

	今日的假設	潛在的變化	未來的可能性
資源庫			
競爭者			
利害關係人與他們最重要的用途			
滿足相關用途的消費鏈			
利害關係人體驗到的屬性			
組織能力與資產			

　　前述流程必須配合你的策略開發過程，反覆進行。

　　有可能帶來轉折點的轉變，具備以下的特徵：

1. 有可能改變眾人競爭的資源庫。
2. 有可能改變搶奪資源庫的成員。
3. 有可能改變競爭的情境。
4. 有可能導致行為者的考慮清單上，有的用途排擠掉其他用途，或是用於滿足那項用途的資源減少。
5. 有可能大幅改變消費體驗。

6. 有可能導致某些屬性變得更加受到重視／更不受重視。

7. 有可能改變價值鏈中哪種能力才重要。

8. 有可能改變競技場中的每一個元素。

負向轉折：縮水的刮鬍刀事業

接下來以寶僑（Procter & Gamble）旗下的品牌吉列（Gillette）為例，帶大家看男性剃鬚行為的最新現況。

刮鬍刀事業的故事，基本上就是寶僑的吉列品牌多年稱霸市場，公司投入資源，研發出品質更好、價格也比別家高貴的產品。吉列販售的刮鬍刀通常搭配多枚刀片，據說這樣刮起來效果更好。由於刮鬍刀價格不菲（我都說刮鬍刀是商店小偷的貓薄荷），許多零售商會上鎖。消費者想買的話，還得特地請零售員工拿鑰匙開櫃子（我稱之為刮鬍刀堡壘）。此外，很容易會忘掉要買刮鬍刀。

在 2010 到 2011 年期間，新競爭大增。YouTube、Facebook、AWS 等資訊管道提供各種數位可能性，再加上新一代的顧客不再認為一定不能留鬍子，吉列的商業模式受到衝擊。一元刮鬍刀俱樂部（Dollar Shave Club）與 Harry's 等新竄紅的公司，探索直接面對消費者（direct-to-consumer，簡稱 DTC 或 D2C）的模式，以訂閱制方式提供

價格較為親民的刀片。吉列的市占率從約占七成的男性除毛市場，跌至 54% 左右。隨著民眾對於刮鬍子的態度出現轉變，刮不刮的重要性下降，整個刮鬍刀類別似乎注定要萎縮。

如果套用前一節的架構，該如何分析此一競技場？讓我們來試試看。

吉列在回應轉折點過後的世界時，部分採取守勢，另外也開始和使用者培養直接關係，推出「吉列網購服務」（Gillette On Demand）。在守勢方面，吉列將旗下的刮鬍刀價格，調降至更能與新興競爭對手較量。攻勢方面，吉列推出「DIY 刮鬍刀」（Razor Maker）計畫，使用者可以挑選3D 列印手柄，客製化想要的刮鬍刀。此外，吉列想辦法讓刮鬍刀的消費鏈不再那麼麻煩，例如現在只要發送簡訊，就能訂購刀片，吉列會直接送到家。吉列做出種種努力，不過公司在市場上一家獨霸的美好歲月，大概一去不復返。

	今日的假設	潛在的變化	未來的可能性
資源庫	男性的個人護理支出，尤其是刮鬍子方面。	社會變遷讓年輕一代不再認為一定要天天刮鬍子；人們開始有留鬍子的意願 價格敏感度上升	投入這整個類別的資源可能減少
競爭者	吉列的市占率為七成舒適牌（Schick）是兩成 其他牌子的市占率極小	數位化帶來 DTC 市場	市場萎縮，競爭卻大增
利害關係人與他們最重要的用途	3 種刮鬍子的人士： 儀式派——以高品質的方式滿足用途 節省派——以快速、便宜的方式滿足用途 美觀派——注重儀表與感受	許多男士不再認為一定要刮鬍子，喜歡以另一種外貌示人——用途的重要性正在下降	考量經營效率更高的小型事業 想辦法打開市場，找到更多需求
滿足相關用途的消費鏈	透過零售管道販售	數位平台帶來其他管道	DTC 開始流行
利害關係人體驗到的屬性	＋還不錯的刮鬍刀 －「刮鬍刀堡壘」 －昂貴 ？差異化 ？刀片多＝比較好	對吉列來講，差異化的源頭已被侵蝕 男性感到他牌的刮鬍刀也還過得去 數間製造商帶來全球供應	增加刀片不會帶來差異化；可能需要真正的破壞性策略
組織能力與資產	投入大量的研發與行銷支出 零售管道擔當中間人	可能需要改變組成	擔任成本控管的參與者

用途排擠：以服飾為例

在這個人人上網、社群媒體盛行的年代，青少年服飾商拚得十分辛苦。青少年這個族群在數位的世界尤其活躍，幾乎沒有任何東西比網路誘人。憂心忡忡的心理學者、觀察家與行銷人員，稱這種熱愛數位裝置的情形為「成癮」。

大家都在競爭資源庫。青少年服飾必須搶美國家戶用在青少年身上的權衡性支出（discretionary spending）：一般這要看掌控著家庭預算的人，其中青少年和他們的父母都有影響力，看這個人決定要在某段期間把錢花在哪裡。此時的用途，包括任何可能導致前往購物商場或造訪網站的事，例如：需要打工或休閒用的服飾、需要更新衣櫥、需要適合穿到某個特殊場合的衣服等等。滿足此類需求的消費鏈同時包括線上與線下的商家，由商家提供顧客適合各式情境的衣服。此時利害關係人最重視的屬性與產品有關，包括風格與流行趨勢，而不是整體的顧客體驗。此外，五花八門的零售商在過去數十年間，累積出參與此一市場的必要能力。那些能力通常與傳統限制有關，例如：設計新風格或供貨至店鋪需要多長的時間。

服飾商一路走來還算順，直到 2007 年發生手機革命，iPhone 問世、Android 也商品化，家庭預算滿足用途的優先順序完全改變。社群媒體已經站穩腳步，連結的慾望深植人

心，不僅給了青少年想連結的理由，也提供連結所需的科技。在某種程度上，連結的用途取代了添購衣服的用途。民眾依舊會買衣服，但如果想成有先後順序的用途，那麼連結用途的重要性大增。

在手機革命過後，原本用在買衣服的資源，如今可能用在別的地方。也就是說對購物者來講，另一條完全不同的消費鏈變得更重要——購物者急於取得的屬性出現變化，提供傳統零售商品的能力也不再那麼重要。轉折點在競技場掀起漣漪。

預測競技場出現的轉變

事後諸葛很容易，問題是如何能預測即將到來的轉折點？

前文提過，如果發生某種改變，造成既有企業的關鍵指標出現變化，或是創造出全新的類別，關鍵指標完全不一樣，此時競技場已經準備好出現轉折。

以美國青少年為例，在 iPhone 問世的 2007 年，市場研究人員發現，青少年本身的消費力約為 800 億美元，另外父母又多掏 1,100 億替青少年購置其他物品，包括食物、娛樂、衣服與個人護理。如果那些錢是你的組織賴以為生的關鍵資源，你大概會想開始了解，相關消費有可能出現哪些轉變。

零售商關心的青少年族群關鍵指標，一般最重要的是「開學季」。如同觀察者所言：「商店仰賴的基本商業模式，以及零售事業主要也還是一樣，要看開學那幾個關鍵期間的獲利表現。」許多零售商做的假設，依舊與傳統指標密不可分，例如：每平方英尺的銷售額、相較於各時期的同店銷售額等等。大部分的零售商固守那一類的傳統指標，甚至沒看到網路正在帶來的威脅。

然而，零售商如果關注情勢，研究人員早在 2007 年便指出，網路（確切來講是社群媒體）已經大幅影響青少年如何利用時間。研究人員發現，青少年正在把行之有年的交友行為（和朋友講電話、一起玩），轉移到社群網站與網路。《華盛頓郵報》（*Washington Post*）的青少年購物習慣報導發現，即便 2007 年的青少年依舊會在實體店購物，他們經常用手機和朋友商量要買什麼，看看買某樣產品好不好。《華盛頓郵報》採訪的青少年指出對她來講，衣服的功能是讓身旁的朋友認識她。「我想讓他們稍微多知道一點我是什麼樣的人。」那位受訪者表示：「而且我很自豪。」奇妙的是，衣服理論上替她做的事，今日輕鬆被科技取代。

青少年與穿著打扮的關係，以及青少年和購衣體驗之間的關係，出現重大轉變。到了 2014 年，原本的微弱訊號不再微弱。事實上，等《華爾街日報》的分析出爐時，重大轉折顯然已經來臨。《紐約時報》2014 年的報導〈上網比學院

風重要〉（More Plugged-In Than Preppy）提到的態度，讓所有瞄準青少年的零售商心驚膽顫：

> 16 歲的紐約人達米可（Olivia D'Amico），和姊姊、朋友在霍利斯特服飾（Hollister）購物。「衣服對我來講不再那麼重要。」奧莉薇亞表示：「我有一半的時候，不再購買任何有牌子的東西，改買仿冒的馬汀靴（Doc Martens），因為對我來講根本沒差。」奧莉薇亞花在科技上的錢八成更多，她表示自己喜歡「保持連結」。

某位沮喪的零售分析師談到，他是如何和青少年受眾聊下一波的時尚潮流。「你試著讓青少年講出什麼東西才潮、他們興奮要買什麼衣服，但講著講著，他們的話題又回到iPhone 6。你試著要他們聊小可愛（短版上衣），好好談一談高腰褲，但最後對話又繞回來。」

研究人員試圖了解青少年的消費模式。他們訝異相較於買衣服，青少年花在食物的金額增加，但他們買吃的（例如：麥當勞），只是為了使用餐廳提供的免費 Wi-Fi（再次是用手機上網）。

或許對主攻青少年的零售商來講，最重要的是網路交流隱藏的意涵。青少年把照片放上 Instagram、Facebook 或甚至是 Twitter 等平台，而你每張照片都穿同樣的衣服？太

遜了。

這股潮流甚至影響到時裝週與傳統的時尚秀等時尚活動。伸展台上的風格搶先播送到全球受眾面前，等店內終於能買到那些衣服，潛在的購物者感到那種風格已經「過時」。這種現象叫什麼？這叫「產品疲勞」（Product fatigue），就像這樣：

　　唐寧（Ken Downing）是尼曼馬庫斯百貨公司（Neiman Marcus）的時尚總監。唐寧提到，他最近給顧客看一件才剛下貨車、最新的 11,000 美元刺繡外套。沒想到顧客皺起鼻子問：「你們有沒有賣新一點的款式？」唐寧回答：「可是這件昨天才到。」然而早在先前的 10 月，顧客已經在網路上看過那件衣服。

所以，讓我們來看對青少年零售商來講，關鍵指標的連動發展，帶來了什麼樣的影響。首先，隨著電子商務生態系統益發成熟，潛在的顧客不只期待能在網路上買到任何想要的東西，還要手機就能下單。此外，不論是線上購物或親自到實體店面，顧客期待品牌提供一致的購物體驗。第二，今日已經有幾乎是人手一台的裝置，目標受眾裡的多數顧客都有那台裝置。第三，隨著社群媒體興起，人們愈來愈重視經營網路形象，也因此從前問題沒那麼大，但如今同一件衣服

重複出現太多遍不太好。總而言之，對傳統零售商來講，轉折點看起來是糟糕的消息。

在轉折點表現良好

　　如同所有的轉折點，廠商如果做好了走過青少年服飾轉折點的準備，將是很大的受益者。Inditex 是 Zara 等品牌的母公司，基本上可說是發明了快時尚。Inditex 的商業模式替傳統的服飾零售假設帶來重大挑戰。Zara 不是以季節為單位來設計衣服，而是隨時依據顧客的意見，持續生產與提供最新設計。Inditex 不花大錢打廣告，錢改用在不動產，努力進駐售價比他們貴出許多的設計品牌街區。此外，Zara 不雇用昂貴的設計師，而是或多或少客氣地模仿，運用自己與顧客之間很深的連結，得知顧客想見到什麼樣的改動。

　　分析師早在 2015 年初便指出，儘管傳統服飾產業景氣蕭條，快時尚的提供者卻瘋狂成長。

　　傳統的購買季消失，平日的預測方式與庫存做法被推翻，各種商品的顧客成為全通路的消費者。在此同時，Inditex 與 H&M 等公司，以及更為近日的 Forever 21 蒸蒸日上。賣鞋的 Zappos 也一樣，在本世紀的第一個十年出現驚人成長，營收達 10 億美元，亞馬遜在 2009 年以 12 億收購。亞馬遜 2017 年前兩季的鞋類銷售成長，超越全美 2016 年的

整體成長。

　　大環境不一樣了，新的關鍵指標八成很重要，例如：每位顧客帶來的進帳。

　　此外，另一項發展一定會造成措手不及，就連 Zara 也一樣：ASOS、Boohoo、Missguided 等新創公司，正在讓時尚快上加快。這些公司透過社群媒體連結顧客，找出新潮流，外包給地方，幾天內或甚至幾小時就做出衣服。

追求新的競技場：以能源大廠為例

　　以競技場為本的分析，也能應用在非消費者事業。挪威國家石油（Statoil）是挪威官股占多數的石油天然氣公司，歷經重大轉型後，雖然依舊涉足能源競技場，如今成為截然不同的公司。挪威國家石油走過的轉折點，包括走向「低碳未來」的運動，特徵是更分散的能源系統，以及整體而言追求更環保的能源來源，但同時也承認人類人口日後需要的能源，很可能不減反增。此一轉型十分徹底，公司甚至更名為 Equinor，完全去掉已經成為累贅的「石油」一詞。

　　新聞報導指出：「這間石油天然氣公司表示，自從他們去年決定成為『範圍更廣的能源』公司後，更名是很自然的事。公司預計一路到 2030 年，15% 至 20% 的年度資本支

出，將用於投資『新型的能源解決方案』，主要投資離岸風力。」

那篇報導指出，挪威的證據公司（Evidente）透過 KarriereStart.no 網站所做的民調顯示，Equinor 在 2013 年名列挪威學生最想進的企業，但 2018 年下滑至第 15 名，顯示 Equinor 對於氣候變遷做出的貢獻，讓年輕人有所疑慮，希望完全避開化石燃料。

重點回顧

　　想一想你所做的事業假設，是否需要改從新角度出發，檢視優勢正在衰退的警訊。

　　首先是定義你的競技場，找出你的事業目前仰賴哪些資源庫，一般是營收。除了你，還有哪些參與者試圖搶占相同的資源，即便他們並未製造或提供與你類似的產品與服務？

　　用途左右著顧客的消費決定。你的顧客試圖滿足的關鍵用途是什麼？

　　你的顧客透過哪條消費鏈滿足用途？他們是否把錢用在你可以賣給他們的東西上？這條消費鏈是否有任何中斷之處？

　　顧客認為和你打交道有哪些好處（他們會因為這些功能多買一點，或是更忠誠）？壞處又是什麼？

　　最後，環境出現變化與新的可能性時，原本的配置會出現哪些變化？是否有現在就需要開始準備的事？

第 4 章
顧客只能取悅，無法綁架

我和十名投資者待在懷俄明州的牧場休閒中心。我感到需要有人幫我試吃食物有沒有被下毒，不過我很難怪這些投資人。

——海斯汀（Reed Hastings），Netflix 執行長，2011 年

有一次，Netflix 的創辦人海斯汀到地方上的百視達（Blockbuster）租錄影帶，因為沒按時歸還《阿波羅13 號》（*Apollo 13*），被罰很多錢。海斯汀氣急敗壞，希望找出更好的辦法在家看電影。

以上是人們津津樂道的 Netflix 誕生故事。不論這則故事到底是不是真的。Netflix 問世的轉折點是 DVD 商品化。DVD 不僅是數位的，對製造商來講又比錄影帶便宜。電影因此從原本盛行的錄影帶租借模式，改成電影公司以零售產品的形式，直接販售 DVD。

錄影帶又大又笨重，DVD 則輕到能裝進賀卡信封寄出。海斯汀與 Netflix 的共同創辦人藍道夫（Marc Randolph）當初就是用賀卡信封，執行第一次的概念驗證。誠如觀察家所言，兩人立志成為「某種亞馬遜」（Amazon of something），1997 年創業後引發革命，改變全球各地的人如何消費內容。

值得一提的是，海斯汀和許多看見轉折點即將出現的人士一樣，擁有技術與科學背景。他有史丹佛大學的電腦科學文憑，1991 年成立第一間公司 Pure Software，不但深知數位技術能做到的事，也知道科技的發展方向。Pure Software 在 1996 年 8 月與 Atria 合併為 Pure Atria，接著又在一年後的 1997 年 8 月被 Rational Software 收購，海斯汀因此有空成立 Netflix。

海斯汀很早就預測到串流模式將問世，但沒料到究竟需要花多長的時間，消費者才會接受。如同他所言：「1997 年時，我們說到了 2002 年將有五成營收來自串流，結果是零。到了 2002 年，我們說到了 2007 年，五成的營收將來自串流，結果還是零……今日串流出現爆炸性的發展……我們等了這麼多年，終於在對的時間，出現在對的地方。」

走向數位串流的旅程

最終會成為數位串流或隨選視訊（video on demand）的概念，起初源自日本勝利株式會社開發的 VHS 家用錄影系統（Video Home System）。VHS 在 1970 年代晚期商品化，1977 年傳至美國後，終結了飛利浦開發的早期錄影帶技術，立刻引發內容提供者與觀眾之間的拉鋸戰。內容提供者想綁架觀眾，讓觀眾任由他們指揮；觀眾則希望擺脫觀看節目的限制。

內容提供者希望牢牢掌控在哪些時間播放節目、在節目之間穿插廣告，管理內容的成本。觀眾則希望自行決定何時看節目，而且不要有煩人的廣告。索尼（Sony）早期產品的廣告詞，就已經主打「隨時愛看什麼，就看什麼」（Watch Whatever Whenever）。

電視圈不樂見這種發展，1976 年的訴訟甚至一路打到美國最高法院，主張 VHS 的錄影裝置將帶來盜版，應該列為違禁品。法院最後下達以今日的標準來看，幾乎可說是違反常理的判決，駁回相關主張，認為即便部分用戶違法使用產品，只要產品販售的主要功能合法，即可合法提供。從那時起，民眾可以控制何時觀賞內容的概念便深植人心。

不過，用錄影帶儲存內容有種種缺點，你必須倒帶才能重放，而且如果想回到特定的時間點，例如想再看一遍練習影帶中的某一段，得仔細抓準錄影機的計時器。發明家因此想知道能否開發出更方便的格式。最早的嘗試包括 LD。LD 是一種黑膠唱片大小的昂貴儲存媒介，播放器也同樣要價不菲，而且不能錄影，只能再次播放預錄好的內容。LD 由於笨重，功能又不完整，電影看到一半，還得手動翻面！所以，不曾真正在美國流行起來。然而，LD 壽終正寢時，我父母等早期的採用者心情鬱悶。

內容數位化後帶來突破。我們今日所知的數位 DVD 在 1997 年問世，帶給海斯汀靈感。1999 年時，日後沒好下場的 P2P 檔案分享網路 Napster，進一步展現分享數位內容的力量，雖然這顯然是違法的，卻同時證明技術有能力做到，而且數位內容有用戶市場。此外，盜版者開始違法分享影片內容，迫使原本寧願固守舊體系的內容生產者提前行動。大家都知道串流影片內容（即隨選視訊）八成會站穩腳步，成

為普及的媒介。

　　哈佛商學院 2000 年的 Netflix 個案研究，請學生思考一段話：

> 　　網路普及後，分析者認為家庭錄影帶最終會透過高速網路連結，直接傳送給消費者。隨選視訊終於來臨，錄影帶零售商將得在一定時間內，替這個新環境做好準備。雖然共識是的確會出現這樣的變化，那一天會在多久後來臨則眾說紛紜。

百視達錯過串流模式

　　百視達的例子是典型的太早替潛在的轉折點採取行動，由於認真看待串流的概念，2000 年就與安隆結盟（沒錯，就是因為會計案出事的那間安隆），探索串流影片的潛力。安隆寬頻服務（Enron Broadband Services, EBS）是相當創新的年輕組織。觀察家指出 EBS「並非雲端運算、網路內嵌服務、隨選應用程式等概念的發明人，但 EBS 在 1999 年開始和百視達談的時候，已經在和顧客合作，研究相關技術的各種版本，遠早於今日的主流技術被其他公司廣泛用於商業用途。」

　　EBS 非常成功的地方，在於打造出可行的隨選視訊平台，但由於和電影公司之間的內容協商十分複雜，遲遲無法有進展。串流服務帶來的營收該如何分配，當時尚未有慣例，直至今日也沒有定論，百視達一方由於力量遠大於電影公司，對串流的概念不是特別積極。此外，能達成協議的定價策略，將導致串流的電影價格高昂。另外就是以當時的寬頻技術來講，下載需要花上不少時間，而且如果沒有專門的轉接器，就無法在電視上看電影。EBS 的串流平台最後失敗，結盟的兩間公司彼此埋怨，雙方最後都破產——即便破產的原因相當不同。

　　就這樣，到了 2000 年，各界都看好潮流終將走向串流的隨選視訊，但 Netflix 等公司後來又花了近十年，才讓這件事成真，轉折點再度是「慢慢浮現，但一下子到來」。如同貝佐斯所言，辨識出關鍵潮流其實也沒那麼難，**真正困難的是判斷行動的時機**：你決定要行動後，究竟何時要帶著全公司和你一起衝。

　　不過，我們繼續看串流大戰之前，先看 Netflix 如何運用不同於百視達的商業模式，在民眾家中占有一席之地。

Netflix 善用消費者的不滿

　　Netflix 成立時，競爭對手百視達在消費者的日常生活中，穩坐龍頭的寶座。百視達擁有數百萬顧客、數千家分店，外加無懈可擊的品牌認識度，營收在 2004 年的高峰超過 60 億美元。然而，百視達的商業模式有一個不可告人的地方：顧客討厭的逾期罰金，占百視達利潤很大的一部分。資料來源顯示，百視達 2000 年因為罰款賺進 8 億美元，占營收的 16%。

　　換句話說，百視達最成功的地方在於向顧客收取罰金。我稱之為「可忍受」的屬性。前一章已經介紹過相關概念，意思是顧客以負面態度看待的基本特色。如同字面上的暗示，只要顧客感到沒有其他可行的替代方案，他們願意容忍討厭的地方。然而，一旦出現新選擇，既能獲得想要的好處，又不需要忍受那些「可容忍」的地方，那個屬性就會變成「不滿的來源」，最終「惹顧客生氣」。Netflix 利用 DVD 技術提供的轉折點，帶給顧客截然不同的模式，去掉令人跳腳的逾期罰金。

　　百視達的陣營其實沒有坐視不管。觀察家談到百視達的執行長安提奧科（John Antioco）採取行動，迎擊 Netflix 以及其他新興的串流服務在 2004 年左右帶來的威脅，那可是百視達營收的巔峰時期。觀察家指出，安提奧科提議取消逾

期還片的罰金，推出訂閱服務。此外，安提奧科還想利用百視達過人的實體店面優勢，提供 Netflix 當時做不到的事：提供立即的滿足。電影看完了？想立刻看下一部？沒問題，到你附近的百視達歸還看完的電影，立刻挑新的。這個新方案叫 Total Access。

此一策略突破大受好評，觀察家興奮表示：「突然間，所有昂貴的不動產與基礎設施，不再是百視達的累贅，而是 Netflix 怎麼樣也追不上的重大優勢。」

然而，如同企業走過策略轉折點經常會發生的事，安提奧科的新計畫將提高公司的成本，還會減少短期的獲利。百視達的行動主義投資人艾康（Carl Icahn）爭論公司路線，在董事會安插自己的人馬，把安提奧科趕出公司。繼任的執行長凱斯（Jim Keyes）取消安提奧科做出的改變，百視達固執地無視於轉折點，日後在 2010 年破產。

百視達 vs. Netflix 的故事，說明了為什麼轉折點能帶來真正的機會。如同百視達與逾期罰金，各種服務的許多既存廠商在一段時間後，累積起顧客不滿的地方。當轉折點帶來避開那些缺點的可能性，顧客通常會移情別戀，把資源與關係改交給更方便的提供者。換句話說，顧客「逃離」既存者，把生意交給新的提供者。既存者很難改頭換面成顧客喜歡的樣子，而這也是為什麼 Netflix 如何改變商業模式的故事，相當值得留意。

動作太快，顧客也會無法接受

Netflix 也曾經出現罕見的失誤。Netflix 最初能成功，原因是顧客能夠以負擔得起的價格，輕鬆租到電影。Netflix 起初的模式是顧客繳交月費後，可以收到郵寄的電影 DVD。他們自訂想看的電影清單，把 DVD 還給 Netflix 後，清單上的下一部電影就會自動寄到家。

先前提過，自 1990 年代末，就有人預測隨選視訊將走向串流格式。領導者真正遇上的難題，其實是判斷何時該替這個有一天會到來的轉折點採取行動。高速上網普及後，海斯汀和 Netflix 團隊展開溫和的實驗，看看時機是否已經成熟，至少讓部分的 Netflix 用戶嘗試新格式。由於當時的技術限制，串流電影的品質遠遜於 DVD 或藍光光碟。

Netflix 在 2007 年 1 月推出 Watch Now 服務，大約提供 1,000 部串流格式的電影，當中有經典老片《北非諜影》（*Casablanca*），也有邪典電影、外國電影與迷你影集。當時的目標是人人都能享受 Netflix 的檔案庫。用戶替這個方案每月支付 5.99 元，每個月可以看 6 小時的串流。

海斯汀在推出 Watch Now 時表示：「我們在 1998 年把公司命名為 Netflix，原因是我們認為未來的電影租借，將以網路（net）為主。網路首先是改善服務與選擇的方法，再來是傳送電影的途徑。由於內容與技術方面的障礙，還要

再過幾年，主流消費者才會接受線上電影，但現在是 Netflix
踏出第一步的正確時機。」

串流事業對 Netflix 來講，財務上有誘人之處。公司得
以省去麻煩的處理業務，不必再把 DVD 寄來寄去。Netflix
對預期中的串流服務成長極具信心，2010 年廣為流傳的一
張圖預測，DVD 事業將在 2013 年達到巔峰，再來就會幾乎
全面被串流取代。Netflix 當時的投資人簡報指出：「我們的
目標是提供包山包海的有趣內容，價格實惠，人人都會訂閱
Netflix。」

我們可以應用前一章提過的架構，評估具備經濟效益的
串流問世。**第一步永遠是找出組織將競爭的有限資源。**以這
個例子來講，Netflix 要搶家戶的娛樂支出，也因此情境
（who、what、where）很可能從以家中的客廳為主，進展到
人們有可能消費內容的任何地點，尤其是機動性更大、速度
也更快的行動服務問世後。

此外，用途同樣也可能從只在平日的晚間看電影，延伸
到今日流行的追劇，一口氣看完所有的集數。消費鏈有可能
大幅改變，從待看清單、郵筒與 Netflix 裝著 DVD 的經典紅
色信封，變得很方便。只需要點選智慧型裝置上的 app，就
能隨時看劇。

另外，能力也隨之改變。從重度仰賴實體面向的事業
（燒片、儲存與郵寄 DVD），變成提供全面數位化的體驗。

一旦串流成為平台首選，用來管理 DVD 事業的關鍵指標，全部會跟著變。

海斯汀感到把串流和 DVD 兩種事業放在一起不明智。除了共用 Netflix 的品牌，以及 Netflix 與內容提供者培養出的良好關係，DVD 與串流事業不太有共通點，包括指標、投資與成功因子都將完全不同，就連觀看串流平台的屬性都將不同。在 Netflix 的想像中，串流將是純數位的消費體驗，免去 DVD 的缺點。DVD 必須有播放器、一定得手動放進 DVD、可以觀賞影片的實體地點有限。

海斯汀根據那樣的想法，在 2011 年 7 月做出致命的決定。由於他強烈感到未來將是串流的天下，DVD 事業會走下坡，他決定讓串流獨立於 DVD 郵寄事業，DVD 被歸到子事業 Qwikster。顧客這下子將得替 DVD 服務與串流服務分開付費。定價從原本的全包、同時享有郵寄 DVD 與串流服務的每月 9.99 元，變成必須分開選擇即時串流方案或 DVD 方案，分別都是 7.99 元。顧客如果希望同時保留兩項服務，等於每個月要繳 15.98 元。

顧客群情激憤。他們不認為 Netflix 這次改變定價，為的是提供顧客更多選擇，而是原本每月 9.99 元的變相漲價。此外，串流當時提供的內容有限，沒有 DVD 豐富，導致許多顧客決定不再訂閱串流服務。更氣人的是，同時訂兩種服務的話，這下子必須分別替串流和 DVD 設定想看的影片清

單。後果太嚴重，同年 10 月開始出現「Netflix 面臨汰舊戰
爭」等新聞標題，大約有 80 萬顧客出走。

Qwikster 的概念很快就被放棄，Netflix 回到原本的二合
一價格。

這個例子可說是預測到轉折點後，太快採取行動。沒
錯，串流八成很重要，也會是日後取得娛樂與隨選內容的基
本方式。然而，試著強迫顧客放棄方便性、彈性與實惠價
格，一般只會引發顧客的怒火。

順勢處理即將到來的轉折

海斯汀和團隊手中這下子有未解的難題：未來大概會是
串流的天下，但今日的利潤是 DVD 帶來的。解決的辦法是
悄悄執行原本就想做的分家：分割出一個事業群，有自己的
URL（DVD.com）、事業架構與營運單位。Netflix 在 2012
年 3 月買下 DVD 的 URL，當時給的理由是「以防萬一」。

串流事業專注於擴大全球的客層，DVD 事業則專注於
增加效率，在訂戶數逐漸下滑的情況下維持利潤。兩個事業
群各有管理團隊，辦公地點是有一段距離的兩個總部，使用
不同的指標，也有不同的員工激勵方案。到了 2018 年，串
流事業全球訂戶數達 1.18 億。DVD 部門的訂戶數則自 2010

年的 2,000 萬高峰，縮減至 340 萬。DVD 事業被交給長期擔任 Netflix 主管的布瑞曼（Hank Breeggemann），海斯汀得以全心應付娛樂界接下來的重大轉折點——製作原創內容。

Netflix 進軍原創內容的舉動，反映出現有的內容擁有者出現變化。多年來，內容擁有者樂於授權 Netflix 重播舊節目，交換通常為數不小的大筆現金。然而，自從 Netflix 開始讓消費者了解，沒有廣告的串流環境有多宜人，而且價格十分合理，民眾不再那麼忠誠於傲慢的有線電視。內容擁有者為了維持現況，改弦易轍，不肯再讓 Netflix 播放自家的節目，但既存者的這個動作太小也太晚。如同記者所言：「每一分鐘就有 6 人剪線」。

Netflix 不是第一個涉足原創內容製作的公司，不過相較於對手，Netflix 有一個非常重大的優勢：公司在 15 年間累積驚人的豐富數據，知道顧客喜歡看什麼。Netflix 決定進軍原創內容製作後，戰果豐碩——大家太想看 Netflix 提供的內容，據說全美今日 75% 的家戶都訂閱串流服務。Netflix 今日的任務如下：

> 我們致力於贏得 Netflix 會員的「關鍵時刻」。這樣的決策點包括例如晚上 7 點 15 分的時候，會員想要放鬆，和親友一起共度美好時光，或是一個人無聊了。此時他有可能選擇看 Netflix，但也有其他眾多的選項。

改變競技場：讓顧客不再沮喪

我們在前一章檢視過幾個假設，包括轉折點可能如何改變事業，開啟新機會。我們檢視了青少年支出（競技場脈絡下的可得資源）的決策變化，帶來了轉折點。通訊與網路方面的支出排擠了服飾消費。前文提過，這樣的轉變衝擊到眾多的傳統零售業者，但不論是出於運氣或策略正確，準備好回應快時尚時代的商家得以獲利。

目前為止，本章研究了 Netflix 如何抓住機會，提供勝過百視達的租片娛樂。百視達讓顧客滿足娛樂用途時，有一個重大的負面缺點（逾期罰金）。此外，我們也檢視了 Netflix 在走過下一個轉變，從 DVD 過渡到串流時遭遇的重大挑戰。Netflix 在那次的轉型後，接著又成為以串流為主的原創內容創造者，但保住原本的核心事業獲利能力。

Netflix 的例子是三個分析透鏡的交會處。**第一個分析透鏡是消費鏈**，反映出顧客與組織互動時走過的旅程。海斯汀有一個著名的軼事：朋友提到自己不會想要同時管理兩張娛樂內容的待看清單，但海斯汀無視於這個勸阻。他不了解相較於 Netflix 原本提供的東西，新做法是較為糟糕的顧客體驗。**第二個分析透鏡是屬性圖**，強調顧客如何在消費鏈中的不同節點，對產品的特色做出反應。以 Netflix 的例子來講，顧客憤怒必須替低品質的服務，支付他們眼中的漲價。

第三點與用途有關，或是顧客嘗試做到的事。在消費鏈中的任何環節，用途都是顧客行為的動機。

當你找出滿足用途的障礙，你就找到了關鍵點。轉折有可能改變競技場。你需要了解在某種特定情境下，造成顧客與其他關鍵當事人無法得償所願的障礙、阻礙與阻力。此外，你無法藉由直接問他們得到答案。即便是設計不良、顧客感到氣餒的情境，他們可能也講不出是怎麼一回事。顧客有可能無意間想辦法變通，或是單純忍受不方便的地方。最糟的結果就是因為難用，乾脆不使用某項產品或服務。

Netflix 的下一個轉折點

Netflix 很成功，但下一輪的競爭顯然將不同於先前的考驗。Netflix 不再只是取得內容的管道，今日直接與原創內容提供者競爭，自行製作節目，而且不是譁眾取寵的低預算節目。Netflix 在 2018 年直接推出三部上院線的原創電影——**接著才**放在自家的串流平台。這個放映決定是為了讓幕前幕後的電影工作人員，一律能角逐人人羨慕的奧斯卡獎。Netflix 團隊顯然感到，原創內容是培養主流訂戶忠誠度的基本要素，而頂尖的銀幕人才又是內容品質的關鍵。

Netflix 進軍原創電影前，內容提供者或許是因為訝異

Netflix 以相當有效的方式培養出訂戶（有線電視節目的吸引力下降），開始與 Netflix 分道揚鑣。迪士尼影業集團（Disney Studios）宣布將從 Netflix 下架，推出與 Netflix 競爭的串流服務 Disney+。此外，華納媒體（Warner Media）今日的母公司 AT&T，同樣是大型的內容製作者，八成也會和 Netflix 分手，推出自家的串流服務。康卡斯特（Comcast）等許多大型的有線電視公司，也已經提供串流服務，包含在自家的有線電視、隨選電影與電視，以及按次付費電視（Pay-Per-View）的費用內。

值得留意的是面對競爭者的反應，海斯汀和團隊似乎有備而來。這點或許是因為他們從**競技場**的角度思考，而不是標準或傳統的電視產業立場。Netflix 在定義自己的競技場時，極度刻意不從傳統電視的角度出發，把挑戰定義成讓會員把更多的娛樂時間，花在 Netflix 的服務。Netflix 的股東資訊提到：

> 顧客在休閒時間會做的一切事情，全是我們的競爭者，包括在其他串流服務、傳統有線電視、DVD 或 TVOD 上觀賞內容，但也包括閱讀書籍、瀏覽 YouTube、玩電動、在臉書上社交、和朋友外出用餐、與另一半共享紅酒等等，無所不包。我們只得到消費者一小部分的時間與金錢，如果持續努力的話，有大量的機會搶占更

多的休閒時刻。

想像一下，有一個網路大到可以和臉書競爭，而且訂戶會付費，還不會搜集數據，違反法規與會員權益。這很有可能是串流娛樂事業的下一個轉折點。

解決顧客在消費鏈上的痛點

別忘了，思考潛在顧客的有效方法，將是考慮他們的用途，以及原本的限制出現轉變將如何影響用途。思考下一個轉折點時，重要的靈感來源，將是想一想哪些事阻擋著顧客達成目標，也就是說關鍵是**留意潛在顧客身處的情境、他們嘗試完成的事，以及他們想要的結果。**

若要談裝置協助顧客以更輕鬆的方式滿足用途，現代的智慧型手機是太了不起的例子。從手電筒到錄音筆、相機、攝影機、電子郵件平台……智慧型手機包山包海，取代了無數只有一種功能的裝置，完美協助我們滿足愈來愈多用途，無需攜帶專門的設備。今日的數位化意思是我們減少使用傳統工具，卻以前所未有的程度製作更多內容並互動，進而帶來轉折點，改變我們如何體驗周遭的世界。

以觀看老虎伍茲（Tiger Woods）打高爾夫球為例，歐

洲萊德盃（Ryder Cup Europe）與歐洲巡迴賽（European Tour）的內容導演傑米・甘迺迪（Jamie Kennedy），在一則被瘋傳的推特，對比 2002 年與 2018 年的群眾如何觀看老虎伍茲打球。2002 年的群眾，嗯，就是看老虎伍茲打球。然而，到了 2018 年，老虎伍茲是在「機山機海」的手機中打球。人人都想要捕捉這位著名球員的照片與影片。換句話說，老虎伍茲在 2018 年的復出賽中，與其說觀眾是在看他打球，不如說是在錄他打球，而且絕大多數的人拿手機做這件事。如同前一章提到的青少年，光是人在現場還不夠。你還得有照片和影片**證明你真的在**。

如果從用途的脈絡來看這個情境，我們可以用以下的方式來描述：

當……	我想要……	這樣我能……
情境	動機	結果
我人正在現場觀看某樣東西。我在乎的人對這樣東西十分感興趣	以某種方法捕捉	分享影片與照片給無法一起去現場的人

從這樣的角度看事情時，如果要達成表中的結果，手機顯然樂勝傳統相機。即便到了今日，專業錄影機依舊笨重，不僅功能單一，還很容易沒電。此外，影片會占據大量的儲存媒體空間，而且如果要分享拍下的畫面，過程通常很複

雜。你必須從某種儲存媒體輸出內容，**轉換成其他人也能看的格式**。如果是智慧型手機，就沒這麼多麻煩事，只需要打開相機 app，設定成「錄影」，然後就搞定了！

不論是輕便的 DVD 取代了笨重錄影帶，或是用你口袋裡八成放著的那個裝置錄下影片，全都說明了「改變限制」可以如何協助企業找出改變顧客旅程的機會。如果要預測改變限制的效果，一定要從無法滿足用途的角度，體驗顧客碰上的事，以及顧客沮喪的地方。我們因此會去思考**顧客在消費鏈中的不同環節遇上哪些痛點**。

想一想 Uber 與 Lyft 等叫車公司如何感覺上是異軍突起，顛覆傳統的計程車服務，尤其是在紐約市這樣的地方。叫車服務是經典的例子，說明了既有企業的假設如何蒙蔽領導者，看不見有朝一日將推翻他們的改變。

以紐約市為例。在美國的經濟大蕭條期間，許多失業民眾為了謀生，不得已跑去開計程車，結果就是僧多粥少，太多的司機搶太少的乘客，路上嚴重塞車，而且搭計程車不安全，車輛老舊，司機不遵守交通規則。種種亂象讓紐約市的官員認為必須將計程車納入管制，以確保乘車安全，減少司機數量，提供一定的搭車品質。1937 年時，哈斯法案（Haas Act）規定計程車必須取得營業牌照，才能在街上載客。牌照要向市政府購買，牌照的市場應運而生。由於牌照的數量極為有限（2013 年為 13,587 張），造成價格飆漲，2013 年

要 130 萬美元。

牌照限制帶來的供應壟斷，雖然提供了計程車司機與車行老闆源源不絕的生意，卻無意間帶給乘客大量壞處。《大西洋》（Atlantic）雜誌撰稿人麥亞朵（Megan McArdle）2012 年的〈為什麼你叫不到計程車〉（Why You Can't Get a Taxi）解釋，為什麼從顧客的觀點來看，計程車服務不是那麼理想：

> 如同大部分的都市人，我很多時間都在聊標準的計程車抱怨：車子很髒，坐起來不舒服，而且需要坐車時永遠叫不到車。有一半的時候，如果你早上六點需要搭飛機，根本沒車給你叫。此外，在你最需要計程車的時候，計程車似乎全部消失，例如：跨年或下雨的尖峰時間。大部分的計程車司機開起車來，活像是嗑迷幻藥成癮的狀態。女性抱怨計程車司機很嚇人，黑人男性也抱怨沒人願意載他們。

麥亞朵在文中興奮談起，有一間叫 Uber 的公司提供新型服務。Uber 當時的商業模式，基本上只是配對想搭車的人和現有的禮車車行，一般人也能成為 Uber 司機的模式尚未出現。計程車行抗議 Uber，試圖利用法規阻止 Uber 擴張，尚未意識到自己實際上需要爭取的對象，其實是顧客，

而不是執法單位。

　　情境已經走到適合顛覆的時刻：

當……	我想要……	這樣我能……
情境	**動機**	**結果**
我需要抵達走路會太遠的地方，而且沒車可開	成功安排行程	以最便宜、最方便、最不麻煩的方式，從 A 點抵達 B 點

　　叫車服務公司就是在這樣的時刻出現，改變顧客從 A 點抵達 B 點原本的叫車方式。

消費鏈環節	傳統計程車做法	負面屬性／顧客痛點
預定搭車	打電話給派車中心 在街角攔車 事先預定禮車 前往計程車招呼站	不可靠 我的所在地不提供服務 等待時間長 司機挑乘客
搭車	體驗有好有壞 車輛骯髒 司機一邊開車，一邊講電話 車輛老舊 沒有空調 瘋狂駕駛	整體而言是不舒服的環境
支付車費	使用現金 在車內刷卡 要求收據	司機不收信用卡 司機沒零錢 領取收據報帳需要等上很長的時間

此一分析提到幾個重要的顧客痛點，也就是造成無法以最方便、最便宜的方式滿足用途的因素。下一步是探討為什麼痛點會是今天的樣子。

負面屬性／顧客痛點	為什麼會這樣？	可以改成什麼樣子？
不可靠 我的所在地不提供服務 等待時間長 司機挑乘客	派車中心的成本考量：四處都有車隊據點，將不符合經濟效益	用 app 連結分散各地的司機與乘客
整體而言是不舒服的環境	不愉快的體驗沒有處罰——計程車是壟斷事業	透過評分系統，讓乘客與司機互評
司機不收信用卡 司機沒零錢 領取收據報帳需要等上很長的時間	不投資新技術——計程車是壟斷事業	預先設定好信用卡；下車不必刷卡；收據自動生成，可以在網路上下載

對紐約市等地的計程車事業來講，叫車公司的運輸問題解決方案，已經證實是重大轉折點。這個叫車服務興起的轉折點，令立法者與行政官員措手不及。到了 2017 年，Uber 的載客次數已經超越紐約市的黃色計程車。

經常發生的情況是制度要花上一段時間，才會跟上轉折點帶來的變化。制度對於叫車服務的回應，包括紐約市要求司機必須能從公司那賺得最低薪資。研究顯示相關公司能獲利的唯一辦法，就是仰賴司機無意間讓公司占到的便宜，叫

車革命帶來的改變，有可能已經抵達下一階段。

此外，其他的城市交通隨選替代方案，同樣也百花齊放。近日的隨選機車市場競爭十分激烈。Bird 電動滑板車公司 2018 年的估值超過 20 億美元。甚至有傳言指出，叫車服務有意拓展至 Motivate 公司的單車共享計畫，Motivate 提供紐約的 Citi Bike 等單車服務。Uber 似乎致力於提供全面的都市行動解決方案，但誰會在市場不可免的洗牌中勝出，目前還很難講。

回到我們的分析法。**競技場分析的重點是在你的行業中，日常限制出現的變化是否讓競爭者能以不一樣的方式，或是勝過你的方式，處理顧客的痛點。**

好好想一想。

如果確實有可能，那麼你該留意的時間到了。

重新劃定競技場：美國混亂的健康照護

波克夏海瑟威（Berkshire Hathaway）的執行長巴菲特（Warren Buffett）擅長見機行事，抓準階段性變化。巴菲特表示，美國的健康照護是影響經濟的「飢餓條蟲」。美國的健康照護成本不僅高於全球其他地方，就連上漲的速度也是第一。《消費者報告》（*Consumer Reports*）指出，如果美國

的健康照護支出是一個國家，那麼這個國家將是全球第 15 大經濟體。

　　一個部門就吸走這麼多經濟資源，後果的確不堪設想。流向健康照護的資金不會再用於其他事，例如替勞工加薪，進而造成薪資停滯，許多民眾的賺錢能力有限。貝佐斯、巴菲特與戴蒙（Jamie Dimon，摩根大通〔JPMorgan Chase〕執行長）在 2018 年達成協議，未來將組成名稱待定的共同健康照護事業，顯示健康成本有如脫韁之馬，不斷升高，已經到達某種令人無法忍受的臨界點。換句話說，三人試圖引爆轉折點，改變健康照護競技場中幾乎是每一個元素。

　　美國按服務收費（fee-for-service）的健康照護服務，大都按照做多少檢查來算錢，導致即便嚴格來講沒必要，醫療產業有採取更多醫療步驟的誘因。醫療是特殊產業。在其他產業，效率提高會提升組織的競爭力，但有效的健康照護卻通常意味著營收會下降。舉例來說，如果某項創新讓原本需要做 3 次電腦斷層掃描（CT），變成只需要做 1 次，這下子 CT 提供者只會收到 1 次錢，不再是 3 次。

　　為了讓動機能配合獎勵，此一生態系統中的許多成員認為，比較合理的給付標準應該是**價值**，例如患者的康復情形，而不是看採取多少醫療行為。如果缺乏效率造成團體的利潤下降而不是上升，誘因將消失。然而，出乎意料的結果卻是誘因如今朝反方向發展：不提供病患實際上有必要或昂

貴的照護，將可獲得獎勵，或是走向配給制的照護
（rationing care）。在採取單一支付者系統（single-payer
system，譯注：即全民醫療制度，由單一公共機構負責支
付）的國家，醫療配給已是常見的做法。美國不同於大部分
的國家，不是依據效率計算決定誰能獲得醫療照護。全球許
多地區最終採取配給制，很可惜的是美國也並未得天獨厚，
能用在健康照護的資源同樣有一定的上限，不免得採取某種
形式的配給制。

　　探討全美的健康照護制度，將得寫上一整本書，接下來
我們只看改變藥品福利（pharmacy benefit）的管理辦法可能
帶來的機會。此一產業的內部運作方式令人摸不著頭緒，萬
分複雜與不透明。光是管理方式出現變化，就會是潛在的重
大轉折點。

藥品福利管理者：失控的中間人

　　「藥品福利管理者」（pharmacy benefit manager, PBM）
是一種中介組織，遊走於醫療體系的各方之間。最初的成立
目的是「替保險業者降低行政成本、確認病患資格、處理醫
保計畫福利，協商藥局與健康計畫之間的成本。」

　　PBM 問世時提供的服務相對直接，日後規模愈來愈龐
大，幾乎涉及處方藥事業的每一個面向。批評者主張 PBM

的驚人利潤，來自藥物供應鏈的每一個環節。《華爾街日報》也的確發現：「藥品服務管理者的利潤高到異常；過去兩年 85% 的毛利轉換成 EBITDA（息前稅前折舊攤銷前淨利）。」

彭布羅克顧問公司（Pembroke Consulting）指出，快捷藥方（Express Scripts）、OptumRx（保險業者「聯合健康集團」〔UnitedHealth Group〕旗下的單位）與 CVS 藥局（CVS Health）等公司，2017 年經手全美 72% 的處方藥。2017 年的分析顯示，美國每 100 元的原廠藥支出，15 元落入中間人的口袋，其他國家則大約是 4 元。

從一件事明顯看得出來，標準的 PBM 做法不一定符合顧客的最佳利益：這個產業強烈反對必須符合忠實義務標準（fiduciary standard，向顧客推薦時，必須將顧客的最佳利益擺在心中）。彭博（Bloomberg）2018 年的報導指出：「幾間產業龍頭已經提出警訊，忠實義務標準將重創他們的業務。快捷藥方控股公司（Express Scripts Holding Co.）在今年同意被健康保險業者信諾（Cigna Corp）收購，而快捷藥方 2015 年的申報指出，忠實義務原則『有可能對我們的財務狀況、營運結果與現金流，帶來重大的負面作用。』」

有一個徵兆讓我預測相關企業將出現轉折點：產業做法的批評聲浪正在升高。

定價不透明，每間店價格不一樣

有的消費者發現，如果自行掏腰包買藥，反而會比動用保險便宜，而 PBM 的協商手法被視為背後的罪魁禍首。PBM 產業讓藥物的定價方式，複雜到沒有人能懂。

新創公司 GoodRx 因此問世。GoodRx 提供的 app 讓顧客得以搜尋，相同藥物在地方上的每間店各是賣多少錢。以我家那一帶為例，30 顆的處方藥立普妥（Lipitor），價格為9 元（在沃爾瑪超市以現金支付）到 27.62 元（在杜安里德藥局〔Duane Reade〕使用折價券後的價格）不等。

藥價差回收：不建議的建議售價

PBM 會和藥廠協商建議售價（list price）的折扣。然而，從顧客拿到的保險給付（reimbursement）來看，顧客不會因此獲益。觀察者在 ABC 新聞（ABC News）的報導中指出：「對共付額（co-pay）、共同承擔額（co-insurance）與其他自付費用（out-of-pocket cost）來講，建議售價確實很重要，因為支付額通常是依據藥物的建議售價計算，而不是折扣價，也因此如果你每個月要打一瓶 200 元的胰島素，你的共同承擔額是兩成，而你的保險業者支付的是每罐 75元的折扣價，那麼你依舊得掏出建議價格的兩成，也就是

40 元，而不是折扣後的兩成（15 元）。」病患並未享受到打折帶來的優惠。

同一份報告還指出：「即便共付額高過保險給付，藥價差回收（claw back）讓藥局得以留下完整的顧客共付額。舉例來說，如果患者的共付額是 10 元，而 PBM 付給藥局的學名藥成本外加配藥費，一共約 6 元，那麼 PBM 可以把病患額外支付的 4 元，收進自己的口袋。」

有的例子甚至是處方藥的共付額，高過處方藥的實際成本，價差也是流向 PBM。這種做法已經引發訴訟。美國民眾的怒火，讓好幾州的議會開始評估是否該加以禁止，尤其有爭議的是雇主告訴部分藥師，不可以讓患者知道其實能用更低的價格買到藥物。法院在 2018 年的訴訟案禁止信諾這麼做，引發律師與立法者進一步關切這個議題。

回扣的灰色做法

PBM 替各種藥物與廠商協商所謂的折扣（rebate）。藥廠向 PBM 收取藥物的建議售價，接著把折扣退給 PBM。這麼做讓極為重要的建議售價，得以看上去高過實際價格（真正支付給藥物的價格）。產業之間彼此爭奪健康照護的利益，戰況愈演愈烈。在這場戰爭中，藥廠試圖把注意力導向 PBM 所做的事，指出那是消費者成本增加的原因（不去提

藥廠本身提高了售價）。

結果是什麼？這場狗咬狗讓民眾開始看見背後的種種做法，並感到無所適從，全面不信任整體產業。如果要了解事態的發展，讓我們來看接下來的例子：有一間大型企業接受這個挑戰，努力替員工降低處方藥的成本。

尚未平均分布的部分未來：以開拓重工為例

本書第 1 章提過，科幻小說作家與藝術家吉布森的一句名言：「未來已經來臨——只是尚未平均分布。」如果要預測潛在的轉折點，這句話提供相當實用的觀點，目標是找出在哪些情境中，前瞻者已經部分克服今日帶有限制的做事方式，努力創新，找出更好的解決辦法。接下來以開拓重工（Caterpillar）為例，帶大家看這間公司如何避開 PBM 目前的設計方式帶來的限制。

開拓重工在 2004 年，終於受不了在 1996 年到 2004 年間，處方藥的支出平均每年增加 14%。公司的管理者誓言採取新流程，目前的做法令他們感到「手中沒有力量，任令人困惑的制度宰割。我們想挑戰這個制度。」開拓重工估算制度帶來 10% 到 25% 的浪費。

以下套用本章先前應用過的分析架構，探討 PBM 的事

業演變方式,如何替開拓重工帶來採取行動的機會。下表摘
要列出開拓重工如何脫離困境,不再是 PBM 現行做法的
「人質」:

消費鏈環節	負向屬性／顧客痛點	開拓重工如何處理?
挑選福利管理者	利益衝突	成立致力於定價透明的 PBM
了解成本	缺乏透明度	直接與大藥廠協商
決定處方將使用哪些藥物	少有透明度、浮濫的成本	在公司內做決定
包含藥價差回收的定價	價格提高	追求透明的供應商定價

　　開拓重工的行動成果豐碩。他們雖然尚未公布實際省下
的數字,專家預測每年可節省 3,750 萬美元。開拓重工也承
認 2015 年的成本比 2004 年低。

　　開拓重工的健康照護福利,由經理畢思平(Todd
Bisping)負責帶頭。此外,畢思平還加入「健康轉型聯盟」
(Health Transformation Alliance)。這個聯盟是多家雇主會員
組成的團體,目標是從開拓重工學到的事起步,協助其他組
織控制不斷上升的醫療成本。聯盟與其他計畫獲得的成果,
目前為止都是漸進式的,不過在改變健康照護方面,貝佐
斯、巴菲特與戴蒙等企業執行長,加速推動企業扮演的角
色,似乎標示了此一經濟部門的轉折點。

　　當然，貝佐斯的亞馬遜本身似乎準備好進入健康照護部門，這有機會像亞馬遜在其他的經濟部門一樣，帶來橫掃一切的改變。

重點回顧

　　讓顧客不高興或甚至是激怒他們的做法，有可能替顛覆者製造進入你的市場的機會，造成顧客移情別戀。

　　即便你能看見地平線上的轉折點，轉折點實際抵達的時間，有可能比想像中晚很多。

　　顧客成為你的人質，只會是一段時間而已，綁住他們的模式終有一天會瓦解。

　　把成長中的事業的營運功能，從正在衰退的事業分割出去，或許有道理。這兩種事業需要不同的指標，有著不一樣的營運考量。對顧客來講，價值點也有所不同。

　　深入瞭解顧客身處的情境、顧客試圖在相關情境中完成的任務、滿足的用途，以及顧客尋求的結果，將是預測情境會如何轉變的關鍵。

　　深入探討制度的架構，比如處方藥的販售方式，之後你將有辦法引爆轉折點，一次解決一個痛點。

第 5 章

發現導向的規劃，
下小注，學更快

　　經常弄對的人非常努力違反人性，試著證明自己相信的事有誤。

——貝佐斯

洞燭機先的討論先是帶我們到「邊緣」，前往潛在的轉折點首度展露跡象的地方。我們以幾種辦法找出早期的警訊，包括想像幾種非常不同的未來景象，接著倒推回去，看看自己身處哪一個演變階段。前文帶大家看過，**分析的關鍵是以競技場替換產業的視角**。此外，我們也看了當利害關係人試圖滿足消費用途，哪個組織要是能成功去除阻礙去路的痛點，將會如何開啟一扇新門，帶來轉折。我們快要可以開始考慮，接下來該採取哪些行動。

不過首先提醒大家一下。本章討論的技巧不是做出正確的預測，而是**想出幾種可能性，不固守成見，接受有可能發生的事，讓自己在證據愈來愈明顯的時候，已經蓄勢待發。**凡是未來的狀態都一樣，各式各樣的變數有可能導致結果是A，而不是B。複雜系統的重點是在心中想好數種可能的未來。如果其中一種成真，一路開展的時候，你將比較容易辨識前方的道路。

舉例來說，英特爾（Intel）會聘請科幻作者、未來學家與學生，創作探討未來面向的創意作品。目的不是提出預測，而是開啟眼界，了解新興的可能性。洞燭機先的重點是**拓展你考慮關注的可能性範圍。**你有多能放眼未來，要看你準備好考慮哪些可能性的組合。

又揭開一點轉折點的神祕面紗

你已經看見轉折點正在浮現，這下子必須決定究竟該採取什麼行動。決策者此時真正為難的地方，在於不確定性仍然很高。換句話說，「不得不做的假設」與「手中實際掌握的事」，比例依舊很極端。我在本書以外的地方經常提到，考慮還很難講的事情時，此時需要的思考過程，將完全不同於已經有方向的思考流程。

講白了，這個棘手的過程，將始於摸不著頭緒、實驗與些許的混亂，接著是下定決心要讓整體目標出現進展。你必須熱情地大力提倡願景，帶動結果，但也得做好心理準備，有可能必須換條路走。這種做法符合未來學家薩福（Paul Saffo）提出的建議：你要以最快的速度提出大量的預測，接著又以最快的速度證明假設有誤，也就是「強觀點，弱堅持」。

或許是因為愈來愈多人被推向更不確定的情境，「發現導向的規劃」開始流行。新一代的管理者意識到關鍵挑戰是規劃學習。簡單來講，發現導向的規劃是指替某個未來的狀態，設定幾個參數，接著倒推回去，找出必然要如何，才能讓那個未來成真。如同我們在第 2 章首度討論的弱訊號練習，這個過程不像許多企業的規劃流程規避風險、避免失敗。

我們要做的不是詳細規劃該做哪些事。轉折點必須採取庫姆斯（Peter Sims）所說的「小賭注」（little bet）。我則稱之為「規劃要學習」。換句話說，做出重大承諾前，先將單一的龐大計畫，拆成好幾個小塊，每一塊之間是我所說的「檢查點」（checkpoint）。

檢查點的意思很簡單。經過一段時間後，你將學到一些事。在每一個檢查點問兩個問題。一、你學到的東西，是否值得花那個成本（或風險、時間等等）。我在其他地方提過組織的「胃納」（appetite），也就是事先判斷我們認為自己將學到什麼、那個新知對我們來講多有價值。二、依據你得知的事情來看，是否應該繼續執行計畫，也或者必須做出某種轉向。

此時要避免的陷阱是在狀態不明朗時，感到一定要弄對。人們開會時耗費大量唇舌，爭論應該是怎樣才對。別做這種事。你真正該做的其實是發揮創意，以低成本的方法判斷，或許如何能找出真正的正確答案。如此一來，即便你的假設無法獲得證實，你依舊學到東西。事實上，即便最後發現是死胡同，其實也是一種進展，因為你永遠可以改變路線或「轉向」。

此時創業心態將幫上大忙。關鍵是「以發現為導向」，不再假裝無所不知。在高度不確定、瞬息萬變的環境，不論是你，也或者是其他任何人，沒人知道答案。爭論誰才是「對

的」，或是擬定詳盡的 18 個月計畫，全是徒費脣舌，還不如明確指出重大的不確定性，從中找出洞見。

在這段試圖洞燭機先的時期，不免有些混亂。塔雷伯（Nassim Nicholas Taleb）的《反脆弱》（*Antifragile: Things That Gain from Disorder*）一書，替這段時期提供了寶貴的觀點：**「任何因為隨機事件（或某些衝擊）而利多於弊的事都是反脆弱；弊多於利則為脆弱。」**擬定發現導向的做法、找出下一個轉折點，是在一邊控制成本與壞處，一邊利用潛在的學習好處。這種類型的規劃反映出塔雷伯的觀點：處理改變的最佳方式，就是以低成本的方式失敗，快速證明假設有誤，持續著眼於行動的重大好處。

避免過早採取行動

前文提過，轉折點首度出現在地平線時，我們很容易過早採取行動，在尚未真正了解那個轉折點真正的涵義之前，就投入大量資源。許多組織是在懊悔不已後，才學到這一課，數位革命的來臨帶來特別多的鼻青臉腫。

採取錯誤的數位技術應對措施，通常始於誤判數位帶來的改變究竟有多大。第 1 章提過數位的特殊效應，在於先前分開安全存放的個別資訊，如今集中在一起。想一想數位對

傳統組織策略與營運模式造成的影響，就能理解為什麼這麼多原本高績效的企業，因為低估數位對未來事業的影響，非常容易下錯策略賭注。我的同事麥馬納（Ryan McManus）曾經明確解釋這點。

正在融化的數位化之雪

簡單來講，**數位化**就是用「以科技為中介連結的活動」，取代過去以非連線的類比方式做的事。舉例來說，很久很久以前，如果你想了解某家企業善待顧客的程度，你得查詢那家企業在商業改進局（Better Business Bureau）或消費者報告（Consumer Reports）的排名。在今日，那些資訊來源依舊還在，但消費者也能在 Yelp 與 Trip-Advisor 等五花八門的平台上，查看其他消費者的評分。潛在的顧客不必仰賴銷售人員解釋產品的優點或區別，今日點選心得就可以了解狀況。理論上，那些心得來自情形與他們類似的其他使用者。

前文用雪從邊緣融化的概念，提出如果想替潛在的轉折點擬定策略，你必須接觸轉折點最先出現的地方——那些地方通常位於你的組織邊緣。接下來以數位化的過程為例，進一步帶大家看**事情正在改變的早期跡象（雪正在融化）**，以

及變化是如何進展。

先從行銷開始

數位化起初是悄悄出現，始於看似遠離事業策略核心的領域，例如行銷。在早期的網路淘金熱中，數位化的意思是取得帶有「.com」的 URL，找到可以刊登橫幅廣告的數位不動產，以及試著要人們訂閱部落格。這個第一階段的破壞效應，最先有感受的組織，過去提供單向的資訊流給力量相對薄弱的外部參與者。有關於組織該如何向這個世界呈現自己，第一波的融雪徹底改變了理所當然的假設。不過，對許多組織來講，這個變化對未來的組織存活來講，似乎不是核心的重點，因為感覺上只影響了行銷。

沒錯，以早期的網路浪潮來講，較為值得關注的效應是類比行銷的支出增加，大家搶著刊登廣告。屬於新經濟的《連線》(*Wired*) 等刊物，甚至是較為傳統的《財星》等刊物，塞滿一頁又一頁無止盡的廣告，你家的郵箱都要塞不下了。2000 年的時候，廣告占驚人的美國 2.5% 的 GDP，即便在網路泡沫後，也只退回 2.2% 至 2.3% 的正常歷史水位。

這個早期階段讓傳統廣告的提供者，誤以為自己很安全。然而，Google 在 2000 年推出自家的廣告產品 AdWords，廣告主相對而言不必費太大的功夫，就能把廣告

擺在相關的搜尋者眼前：從那些使用者搜尋的詞彙來看，他們或許正在考慮購買相關產品。Google AdWords 在問世的第一年年尾，營收為 7,000 萬美元。廣告主可以透過這項產品，決定願意出多少錢，讓自家的廣告出現在特定的搜尋內容旁。使用者搜尋時，Google 的演算法會掃描數據庫，依據付費的意願產生排名。如果消費者點選廣告，Google 會依據廣告的付費意願，收取「每次點選的成本」（cost per click, CPC）。其他廠商則必須競價，才能出現在相同的搜尋主題旁，外加一筆小額附加費。其他的廣告模式則依據可能有多少人看見廣告，向廣告主收取「千次曝光費用」（cost per thousand impressions, CPM）。

廣告就此出現轉變，從傳統的類比管道，走向出現在數位管道的廣告，導致報紙等媒體出現二位數的衰退，廣告主的支出從 2005 年的近 900 億，2017 年萎縮至不到 500 億。此一轉變重創傳統媒體，然而即便轉折點正在浮現，許多傳統事業依舊沒看出自己會如何受到影響。

悄悄影響營運

數位革命帶來的下一階段的轉折點，改變企業如何執行基本的事業功能。墨西哥的水泥供應商西麥斯（CEMEX）等企業發現，數位讓他們能以全新而且十分誘人的方式服務

顧客。舉例來說，西麥斯旗下的預拌混凝土事業發現，對建築顧客來講，相較於必須有能力事先預測需求與使用的解決方案，及時生產（just-in-time, JIT）的服務解決方案，帶來遠遠更大的價值。西麥斯運用從戴爾等企業那獲得的洞見，建立 JIT 客服中心模式。顧客需要叫水泥的時候可以下單，接著一下子就收到貨。

這個階段的數位革命，撼動營運世界習以為常的大量假設。高成本、高阻力的交易，被相對便宜、低阻力的交易取代，開啟眾多的可能性。

接下來是產品與服務

隨著數位帶來新的可能性，在大量的競技場中，數位的產品與服務遲早會成為重要參與者。照片、圖書、電影、雜誌，以及其他的內容「數位化」後，娛樂與媒體出現翻天覆地的變化，不僅產生不一樣的產品，也帶來不同的消費體驗，這下子產品會自己跑到消費者面前，消費者不必和從前一樣親自取得。

在這個階段，一般的產品與服務除了增添數位元素，就連屬性也出現變化。舉例來說，車廠與他們的供應商開始思考，汽車加上通訊技術後，有可能如何引發改變。車子從基本上是運輸工具，變成互連的網絡中的節點。利潤也可能出

現轉變，從販售車輛變成提供各式服務，包括汽車修理、診斷與保險。此外，車輛產生的所有數據，本身也有價值，可用於尚未發明出來的應用。

接著是商業模式

數位破壞力最強的時刻，就是傳統商業模式的基本參數出現變化。先前的章節提過，現任的決策者很難「看見」自己仰賴的傳統原則已經改變，原因通常是他們根本沒在看。

以保險為例，數位科技有可能徹底改變在傳統的價值鏈中，各個環節的管理方式。此外，相較於傳統模式，數位商業模式通常能以遠遠較為便宜的方式交付，替既存者帶來龐大的定價壓力。

1. **經銷**——「賣」保單給顧客的傳統保險經紀人消失，取而代之的是互動的隨選體驗，八成是透過行動裝置。由於如今這件事已經可實現又可負擔，愈來愈多的保險產品能依據使用情形，以「隨選」的方式提供。提供保險服務時，更能配合實際被保險的活動。運用區塊鏈技術的智慧型合約，甚至可以自動執行，不需要成堆的紙張，也不必留存繁瑣的紀錄。

2. **核保與定價**——許多大型傳統保險業者的核心競爭優勢，

在於有辦法運用其他業者無法取得的大型數據庫，做出更聰明的定價決策。不過，大型、互連，以及某種程度上廣泛開放的數據庫出現後，再加上 AI 助陣，幾乎不再需要人工核保，也不再需要與人工流程有關的深入專業知識，只剩最不尋常的案件還能派上用場。此外，原本有利的保險條件，例如：擁有高學歷或從事特定職業，也隨之消失。核保的決定愈來愈看實際的數據，而不是看替代條件。

3. **理賠**──這些年來，前進保險（Progressive）等業者早已慢慢走向即時理賠處理，但普及的便宜技術將加速推動這股浪潮。感應器、無人機與強大的智慧型手機，將大幅改變保險業者的「初次損失通知」（first notice of loss, FNOL），智慧演算法將以無縫的方式，立刻算出業者應該理賠的金額，以及被保險人的處理流程。

　　如果你是保險業者，自然會摩拳擦掌，讓組織做好準備，迎接接下來的重大商業模式變革，但陷阱也是在此時出現。在轉折的早期階段，即便事情即將改變的訊號極為強烈，組織很容易自認已經掌握夠多資訊，可以出發（有時還是在高價顧問的協助下），接著就投入金錢與資源，背水一戰，義無反顧地推動數位化。

　　很不幸，故事接下來就是掉進大坑，幾乎無一倖免。即便出現很強的訊號，未來變化的本質及其重要程度，依舊帶

有極高的不確定性。此時的任務的確是採取行動與規劃，**但必須採取發現導向的做法，規劃要學習。**

胸有成竹的幻象與數位滑鐵盧

野心勃勃的新型龐大數位計畫，和其他大膽的創新計畫，沒有什麼太大的區別，特徵都是決策者沒依據事實就做出假設。雖然感覺上一定得下決定，動作要快，但情勢太不確定，幾乎不可能保證能做出正確決定。在高度不確定的環境，做決定其實跟用猜的沒兩樣。有的組織架構又只適合在高度可預測的情境下做決定，有可能導致惡性循環。

決策者依據假設來預估，而資訊開始回報決策結果時，有時會發現原本的假設並不正確。然而，先前為了支持這個觀點，已經投入人力資本，通常也已經投入組織資本，決策者因此會加碼，每況愈下，直到計畫明顯不會有成功的一天，終於有人有勇氣站出來砍計畫。

很可惜，我們如果想從這些失敗的實驗中汲取教訓，大多不可能，因為相關主題立刻變成禁忌，當初參與的人士不知去向，每個人假裝沒發生過那件事。當然，這種事對希望從中學習的商管作家來講，相當令人沮喪，但還是有一些計畫留下夠多的公開文件，可供參考，例如接下來要介紹的

「BBC 數位媒體創新計畫」（BBC Digital Media Initiative），最終一共投入 9,800 萬英鎊，但看不到具體的成效。

BBC 數位媒體創新計畫

前文以 Netflix 為例，提到在 1990 年代的尾聲，人們已經認為隨選新聞與娛樂，顯然將是未來的趨勢。早在 2000 年，哈佛商學院的案例作者就清楚感到隨選影片等技術，八成會改變媒體的消費模式。

BBC 有意抓住這個即將來臨的轉折點，在 2008 年提出「數位媒體創新計畫」（簡稱 DMI），起初的目的是建立「無影帶化」的製作流程，由 BBC 的科技長海菲德（Ashley Highfield）擔任計畫發言人。BBC 的決策部門「英國廣播公司信託基金」（BBC Trust）批准了這項計畫，撥下 8,100 萬英鎊左右的經費。向來負責提供 BBC 技術的西門子（Siemens）雀屏中選，承包這個案子，德勤（Deloitte）是顧問。最初的預估是這個計畫將帶來 9,960 萬英鎊的效益。BBC 的技術夥伴當時形容：「DMI 是動員全 BBC 的計畫，這間廣播公司將能做好準備，迎接隨選的多平台數位環境。DMI 提供可重複運用的基礎，以符合成本效益的方式，提供新興服務。」

組織看見數位轉折點，但效果不彰

事後回想起來，DMI計畫最經不起考驗的假設，顯然是被當成直截了當、砸錢就會有成效的營運計畫。規模如此龐大的工作流程改變，實際上需要整個事業模式都跟著改造。要成功的話，將得深入組織的核心工作流程。管理部門也得配合新技術的需求，大刀闊斧改革，有可能引發大型的辦公室政治鬥爭。

BBC與西門子簽的是固定產出、固定價格的合約。這種合約的定價假設是完全知道需要做哪些工作、也知道什麼樣算成功的結果。從使用者的角度來看，這種架構會讓BBC不能（太過）質疑西門子完成的工作，因為干預將違反固定價格的初衷。從西門子的角度來看，這是大型的IT計畫為什麼會失敗的典型糾紛：IT供應商未能提供使用者想要的東西，但供應商感到問題出在使用者不斷改變心意，沒說清楚需求。這是事情不確定卻以為確定的徵兆。

光是最初的BBC簡報列出的子計劃數量，就已經令人瞠目結舌，其中新型的「媒體收錄系統」將改變內容進入BBC生態系統的方式，必須有配套的新型媒體資產管理系統，也就是說未來的聲音檔、影片、照片等內容，管理方式也得跟著變。分鏡將得線上處理，不再採取原本的手動流程。其他所有系統的存取，也將得透過後設資料分享與儲存

系統。BBC 的專案團隊沒走競標流程，就直接發包。某位觀察者形容，BBC 與西門子（主要供應商）及其他承包商之間的關係「不密切」。

以為一定要整套系統完整到位，才能帶來價值

第二套未經測試的假設，就是 BBC 需要全部的數位計畫，而且一次就要到位。這種想法的風險特別大。數位成熟度低的組織最好循序漸進，先用小型計畫試水，不一下子貿然投入那麼多資金。就算計畫的技術層面確實成功了，組織大概尚未有配套的工作流與做法。此外，這種做法點出的另一個錯誤概念，就是以為組織可以在新的市場環境中，完全套用來自上一個年代的建立／開發模式（build/development model），也就是俗稱的「瀑布式開發法」（waterfall method）。此外，對 BBC 的計畫來講，雇用不了解新舊模式差異的外部公司，同樣也沒有太大的助益。

第三套假設是 BBC 的高層顯然以為，可以放心外包如此複雜的系統設計與執行，不必親自監工。若是採取發現導向的做法，一路上都需要提供價值證明（proof of value），也就是建立快速檢查點，測試計畫最終能成功的特定假設。有必要時將需要修正路線。DMI 計畫則似乎缺乏有效的管理流程，沒將公司的資深高層與技術人員納入計畫，執行過

程中也未定期檢視計畫。

有資訊能示警的人沒有聲音

DMI 計畫違反原則，未能讓直接參與的人員可以示警、提醒高層，缺乏讓最密切相關的人員能被聽見的機制。觀察者指出，「BBC 的文化顯然不讓相關員工有聲音。他們無法在檢視計畫的流程中，提出擔心的事，只能私下講。」

2009 年 9 月，BBC 與西門子分道揚鑣，BBC 選擇收回計畫，自行管理。

DMI 計畫帶來慘痛的教訓。事後的計畫檢討被一路送到英國國會。從檢討報告看得出來，顯然從最初的時候，就能預知原本的假設並不存在。審查委員的結論是：「此一計畫的挑戰性，顯然遠超出西門子原先的假設。西門子並未深入理解 BBC 的運作方式。BBC 本身對於西門子的設計與開發工作，也僅具備有限的了解。」

做法正確，但為時已晚

BBC 把計畫收回來自己做之後，這次挑選相當不同的方法，運用敏捷法（agile methodology），透過使用者與技術人員之間的協同合作，帶來近期的正面結果，相當符合發

現導向法的精神，但為時已晚。BBC 的營運長柯爾斯（Dominic Coles）在 2012 年 10 月決定暫停執行計畫，隔年更是乾脆取消。柯爾斯談到計畫流程時提到：

> 技術與數位變遷出現的速度非常快；BBC 內部的事業與製作需求已經產生變化；業界也開發出 5 年前尚不存在的標準現成數位製作工具。我們 BBC 的內容十分多元與複雜，開發目標如此龐大、技術如此複雜的解決方案，要配合 BBC 計畫的無數要求，挑戰性遠大過當初的預估，導致計畫一再延宕……如今我們決定終止這項總成本是 9,840 萬英鎊的計畫。代價會這麼高昂，原因是許多已經開發好的軟硬體，唯有在計畫完成後才會帶來價值，但我們無法再繼續核可額外的計畫支出。

發現導向的心態會在開發週期的各階段，全都必須建立價值，不會等到計畫結案。如同其他類型的創新計畫，十分危險的假設是要整個系統建好後，才能帶來價值。

接下來的例子是將數位洞見應用在癌症治療。恰巧可以和 BBC 做對比。這次同樣是大型計畫、但有著強大的數位基礎。這個例子說明，在不確定性極高的情境，使用發現導向法能提高成功的可能性。

替醫學數據找到可行的商業模式

前美國副總統拜登（Joe Biden）的兒子博（Beau）在 2015 年死於腦癌。拜登試圖了解治療他兒子的醫療體系，結果嚇壞了，在 2018 年的美國科學促進會（Americ-an Association for the Advancement of Science）演講中提到：「太可怕了，這個體系很複雜、很重要，但不受關注。」

美國醫療體系各自為政。能帶來改革的數據被鎖在不同的檔案櫃，彼此不相連。醫生治療患者時，無法取得曾經幫到其他病人的資訊。即便某個疾病出現重大進展，現行的制度沒有一套能跟上的方法，有著重大缺陷。

歐巴馬（Barack Obama）總統在 2016 年將「國家抗癌登月計畫」（National Cancer Moonshot）交給拜登領導。此一計畫的龐大目標是終止我們所知的癌症，刻意引發轉折點。這個關鍵計畫將串起聯邦政府與私部門的活動，連結醫療體系中先前不對話的各部門。

大約在同一時間，美國國會通過「21 世紀醫療法」（21st Century Cures Act），指定由 FDA 批准臨床試驗資料以外的數據，能否用於支持藥物許可（引發心懷疑慮的製藥業者批評）。

套用本書談的旅程來講，不論是發布抗癌登月計畫、FDA 制定新型管理辦法，或是人們發聲希望見到轉折點

——即將出現改變的訊息很清楚：弱訊號變成強訊號，整個競技場開發讓大家一展身手。此外，民意強烈呼籲以新方式讓整個醫療體系合作。目前為止，情勢看好。

癌症的檢視方式出現重大轉變，意想不到的人物登場：Flatiron 健康（Flatiron Health）這間數據科學軟體公司，採取發現導向的旅程，抓住轉折點。Flatiron 的兩位創辦人是年紀很輕的創業者，他們是創業思維原則的化身，尋找機會，在正確時刻募集資金——前提是有辦法洞燭機先。不過首先，先來介紹一下兩人的背景。

從養蛇到廣告軟體的創業啟示

杜納（Nat Turner）與長期的事業夥伴溫伯格（Zach Weinberg），在 2012 年創辦 Flatiron 健康公司。他們不是一般所想的那種 20 多歲的年輕人。杜納在 2010 年，也就是 24 歲的那一年，把自己創辦的第一間公司「邀請媒體」（Invite Media）賣給 Google，據傳價格是 8,100 萬美元。他在 2018 年把第二間公司 Flatiron 健康賣給羅氏（Roche），金額接近 20 億美元。

雖然杜納與溫伯格在賓州大學的華頓商學院認識前，已經接觸過新創公司的世界，商學院的創業課程讓他們有率先起步的優勢，最終有很大的收穫。發現導向的成長法是華頓

的核心創業課程內容（在此要感謝我的共同作者與長期擔任創業中心主任的麥克米蘭〔Ian MacMillan〕）。

老實講，不論是杜納或溫伯格，他們原先對健康照護不是特別感興趣。杜納先前的事業最初都是他的嗜好，後來變身成帶來現金的公司。杜納涉足五花八門的產業，包括餐點外送、網頁設計，以及沒錯，他還養爬蟲。杜納是在經營養蛇事業時發現網路有搞頭，談到先是替自己架設網站，其他養蛇的人喜歡他的網站，也想擁有類似的東西。

杜納與溫伯格在創辦邀請媒體公司時，公司的演變過程可以說明「競技場思維」與「發現導向學習」。兩人的廣告事業概念，源自在華頓創業附屬機構的贊助下，在VideoEgg 公司（今日更名為 Say Media）當實習生。透納日後告訴《金融郵報》（*Financial Post*），兩人在實習時「留意到從技術複雜度與技術採用的角度來講，線上廣告產業很混亂……成立邀請媒體公司是因為我們觀察到那點，想做點什麼，但也是為了打造大型事業。」

兩人先是定義了大競技場（線上廣告），再來是找出在那個環境下，人們試圖完成基本工作時遇上的麻煩。競技場與痛點構成事業的起源，兩人預估將有很大的市場。

發現導向規劃的起點是定義成功可能的樣貌——不預測未來將是如何如何，而是大致找出可能的優勢。如同本書第3 章的做法，杜納與溫伯格先替公司描繪出潛在的競技場，

詳細計畫他們所說的「金錢流」（dollar flow，非常類似於我建議思考競技場時，先找出你要競爭什麼資源）。接下來，兩人檢視對產業人士來講，可得的解決方案有多糟，多麼無法配對廣告主與目標受眾。杜納描述他們成立事業的過程：

> 我們起初有點像是影片廣告網。我們在 YouTube 創辦人成立 YouTube 前，和他們見過面，他們想建立龐大的影片庫網站。我們看到五花八門的影片——有那麼多人都在看影片——我們心想：「沒有廣告比得上這個。」我先前在一間叫 VideoEgg 的公司工作，一天或一個月的影片觀看量大約是 5 億次，但那些流量沒有變現。光是為了提供影片，伺服器的成本就要 50 萬美元，但無法讓廣告客戶利用。
>
> 「邀請（Invite）」這個公司名字，其實源自我們想要打造單元，一個會跳出來的廣告單元（ad unit）——有點像你在 TNT 電視網看籃球，你看見螢幕的左下角，跳出新的電視節目預告。那就是為什麼我們稱之為一個「邀請」，邀請你看某個東西，邀請你做某件事。

杜納表示，他們最初的事業點子「老實講很爛」，於是讓事業轉向，改成做與臉書廣告有關的事，結果也行不通。兩人最終發現市場上有鴻溝，廣告主找不到適合插播廣告的

相關影片內容，於是著手寫程式，方便廣告空間變現。

下一個點子因此是建立電子廣告交換。這個點子似乎比較有搞頭，但杜納表示公司「變形」了，轉型成以廣告代理商為主的模式。杜納說他們花了一年半，才從「讓我們來探索這個競技場」，走到「這可行。我們來雇人，打造一些東西。」杜納回想投資人在那一年半的時間十分焦慮。其中一位投資人說餐廳有本日濃湯，他們這間公司則有「本日點子」。創辦人隨機應變，一有新資訊就轉向。

邀請媒體公司最後轉向與廣告代理商合作，將廣告插進適合的網頁內容。公司日後賣給 Google 的產品叫「Bid Manager」，主要的優點是方便廣告代理商與媒體購買做事，提升他們在各廣告交易平台的廣告購買效率。杜納與溫伯格最終做的事，因此是替展示媒體帶來第一個共用的購買平台，日後成為由廣告支撐的生態系統的關鍵元素。我們今日認識的網路，即是由那樣的生態系統買單。

Google 在 2010 年做出引發爭議的決定，以 8,100 萬美元買下成立 3 年的邀請媒體，也請兩位創辦人加入 Google，將他們的技術整合進 Google 的 DoubleClick。不過，杜納與溫伯格知道這不會是長期的工作，開始尋找可以帶來下一個機會的新事業點子。

杜納與溫伯格立下邀請媒體的戰功後，在業界建立口碑，有能力募資，還能吸引人才加入。杜納與溫伯格為了尋

找點子，參與天使投資。如同杜納日後所言：「我承認這是自利的舉動。我和溫伯格，我們與這些新創公司的創業者交流，從他們那邊學到很多東西，深入了解健康照護產業。」值得留意的是，兩人同樣是透過小型投資開啟新觀點——但不押寶單一的未來觀點。最後醞釀出 Flatiron。

從廣告軟體到健康照護，啟發新觀點

　　最終是因為私人的原因，帶來日後的 Flatiron 健康公司。杜納的小表弟得了白血病，男孩的父親告訴杜納與溫伯格：「每年有幾百個孩子得白血病，但我找不到任何資料。我不知道那些孩子使用哪些藥物、也不知道那些藥有沒有用。」誤診、舟車勞頓，再加上其他層出不窮的問題，表弟獲得的醫療照護讓杜納感到，癌症照護系統的資訊流自動化是很重大的問題，或許值得著手研究。

　　杜納與溫伯格最初考量過各種健康照護空間的點子，例如：保險、醫療過失等等，但表弟的父親問的一個簡單問題，讓這個創業二人組拋掉那些點子，專注於建立平台，統整癌症患者治療系統的數據流。杜納日後表示，他和溫伯格的共通點是擁有無窮的好奇心：「我們問一百萬個問題，想知道事情為什麼會那樣？」

　　帶來 Flatiron 創業洞見是串起「數位能力」與「醫療訓

練」這兩個世界後，就能替整個治療體驗帶來不同的觀點。
兩位創業家走過一段「著迷」於這個點子的時期，到處追著
不同的醫生跑，「一天見二十個人」，試著盡量學習。杜納
告訴想創業的人士，學習是重點中的重點：

> 杜納建議盡你一切所能，與產業人士見面（杜納與
> 溫伯格成立 Flatiron 前，至少和 500 位人士見過面）。
> 「記筆記、推銷點子與原型，在懂的人面前談你的點
> 子，例如：醫生、醫院行政人員、保險公司與診所，趁
> 早取得他們的看法。」

納與溫伯格發現，不太可能從擁有深厚醫療背景的人士
那裡，找到軟體問題的解決方案。Flatiron 今日提供的服
務，因此是同時收錄腫瘤支持社群有架構與無架構的診療室
數據，利用那些數據執行複雜的分析，替特定的患者判斷更
理想的療程，也從資訊中找出適用範圍更廣的模式。

Flatiron 是 FDA 修改規範的受益者。新規範允許提取自
電子健康紀錄的數據，可以用於支持臨床試驗。FDA 的局
長戈特利布（Scott Gottlieb）在 2019 年的演講中表示：「數
位科技是我們最有希望的工具，有望提升健康照護的效率，
更以病患為本。這不是在指責隨機控制試驗，不是這樣的，
而是承認新方法與新科技能拓展證據來源，據此做出更加可

靠的醫療決定。」

　　與 FDA 相關的另一項重大議題，在於臨床試驗通常不具人口代表性，有可能扭曲實驗結果。有了 Flatiron 的技術後，就能利用遠遠多過目前一般可得的資訊，替人數較少的患者量身訂造療法。Flatiron 在 2018 年被羅氏收購，未來的目標是分析「法規等級」（regulatory-grade）的資訊，例如 2018 年時，輝瑞（Pfizer）與 Flatiron 在乳癌大會上提出證據，證實來自 Flatiron 的患者群數據，符合某晚期研究對照組（也就是未接受治療）的患者群數據。引人注目的地方在於如果可靠的數據顯示可以透過數據庫，得知未獲得有望成功的療法治療的群組會發生的事，或許就不需要隨機安排是否讓病患獲得治療。所有參加試驗的受試者，全都能接受或許有效的療法，降低進行此類試驗的成本。

創業者如何洞燭機先

　　杜納與溫伯格的故事，與其他同樣也「洞燭機先」的成功創業者，有許多類似之處，尤其是我這些年來研究有時被稱為「習慣性創業者」（habitual entrepreneur）的人士——這樣的人多次成立事業。從研究的角度來看，習慣性創業者相當珍貴，因為如果他們一次又一次成功，就不太可能單純是

運氣好。這群人自有一套方法，他們大量搜集資訊，找出模式，測試假設，接著募集資源。

習慣性創業者擁有異溫層的大量人脈，他們在和很多人聊的時候，得出點子與解決方案。我的同事麥克米蘭稱之為「伸出觸角」（webbing）：習慣性創業者永遠在與他人連結，尤其是握有不同知識的人士。此外，習慣性創業者好奇心旺盛。那是他們的性格根深蒂固的一部分，甚至自己都沒意識到這點——他們只是真心感興趣，想知道對事情究竟是怎麼一回事。此外，習慣性創業者足智多謀。麥克米蘭會說這樣的人「運用想像力」確認假設，不用錢買答案。此外，他們快速行動，出現新資訊的時候，不害怕轉換方向。習慣性創業者在自己看到的東西中尋找模式。是否有哪個市場區塊服務不佳？有未滿足的需求？是否有某個流程行不通，關鍵人士被迫想出權宜之計？哪些領域有剩餘、哪些有稀缺？

想一想連續創業者卜蘭克的例子。卜蘭克的是我在哥倫比亞大學的同事，也是新創世界的傳奇人物，曾經協助四家公司 IPO，輔導過的公司更是不計其數。卜蘭克表示創業者想要找到機會的話，就得有無止境的好奇心，找出沒人意識到的模式，方法是「出現」。卜蘭克主張驗證想法的方法是「走出大樓」，了解潛在的創新有可能如何改變顧客的人生。他稱之為「顧客開發」（customer development）。把最初的點子帶到市場上後，也就是過了卜蘭克所說的「建立」

（build）階段後，一有新資訊就得隨機應變。最後一點是卜
蘭克知道連續創業者享受開創事業，但一旦找出能擴張的可
重複模式後，他們不一定有興趣經營下去。即便如此，這樣
的創業者有辦法在離開後，留下不可勝數的價值。如同卜蘭
克在 2012 年提到：

> 在每一件事變大之前，我喜歡每一件事。從尋找到
> 開始建立，我的工作很棒，但等我感到自己變成人資部
> 門，離開的時間就到了。在我倒數第二間公司，我先是
> 損失 3,500 萬，再來是募資 1,200 萬，最終還給每一位
> 投資人 10 億美元。只有在創業圈裡，失敗有一個特別
> 的講法，叫「有過經驗」（experienced）。

替快速學習擬定計畫，幾乎是連續創業者直覺就會做的
事。我們也能效法這種做法。不過，此時需要的心態，的確
不同於規劃平日的商業情境。

愛上問題，不是去愛特定的解決方案

這句話出現在很多故事裡。我先是在韓森（Kaaren
Hanson）那第一次聽到。韓森當時是 Intuit 的設計創新副總

裁，她在哥大商學院的 BRITE 大會（BRITE Conference）
上演講。雖然這句名言似乎許多人都聽過，組織若是主要以
傳統方式規劃，你將很難牢記這句話，或是很難執行這句
話。

我經常見到的情形，因此是組織裡的人會犯一種錯：他
們把特定的解決方案，和自己想見到的結果連在一起。你很
有可能因此找對該有的結果，但完全弄錯達成的方式。

以 PuR 為例，使用者可以利用這種化學製品，讓髒水
變成安全的飲用水。寶僑最初嘗試讓 PuR 商品化的時候，
PuR 確實具備廣告所說的效果，但賣不出去，因為目標顧客
不習慣用稀缺資源交換乾淨飲水。此外，推銷 PuR 還需要
行為改變帶來的助力，PuR 的商業推廣速度因此慢如牛步。
寶僑在 2004 年考慮完全取消這項產品。

寶僑當時的資深主管郝古（Greg Allgood）對 PuR 深具
信心，他想辦法換一條路，讓需要的人能取得 PuR。剛好大
約在同一時間，海嘯重創東南亞，寶僑捐助 300 多萬美元，
其中包括 1,300 萬盒 PuR。郝古表示這次的義舉是 PuR 的商
業模式轉折點。寶僑沒試著讓 PuR 變成商品化的消費者產
品，而是社會企業。

寶僑與國際救援組織合作，在回收成本的基礎上，由救
援組織出資購買 PuR，接著免費贈送。這樣的模式讓寶僑發
現 PuR 計畫是公關寶藏，不僅能協助他們了解新興市場的

消費者，也讓寶僑在與各國政府、NGO 與其他策略夥伴討論時握有優勢。寶僑最終出售旗下其他的淨水計畫，但留下 PuR（並取得商標）。PuR 的例子說明了有可能沒先找到最佳的解決方案，就弄對了競技場中基本的「用途」。這是典型的在不尋常與出乎意料的狀況下洞燭機先。

定義成功的樣貌

展開發現導向的規劃練習前，先說出為什麼這件事值得做。你可以從財務的角度用數字來證明，也可以從帶來機會或拓展組織觸角來看。如同 Flatiron 健康創辦人的例子，他們尋找尚未充分解決的重大問題，基本上遵從塔雷伯的指南：當不確定性會增加某個機會的有利程度，就能創造出有價值的機會。

下一步是指定基準，依據關鍵對照找出方案是否切合實際。接下來，找出營運上需要做哪些事，才能讓事情成真。你將做出很多假設。寫下來，思考如何驗證假設，能推翻的話更好。

串起這一切的做法（以及「發現導向的規劃」與「傳統規劃」的區別），將是規劃關鍵的學習時刻，我稱之為「檢查點」。檢查點可以是自然發生的事件（法規是否通過）或

實驗。不論是哪一種，組織面臨策略轉折點時，快速走過檢查點是動員組織的關鍵。

當變動（有可能是轉折點帶來的）增加了決策者面對的不確定性，此時適合採取發現導向的規劃，提供架構、紀律與經過深思熟慮的資源利用。

以發現為本的思考

各位可能會誤以為以上的方法，只適合用在高科技的新創公司，以及其他的大型商業方案，所以接下來我們要檢視的思考流程。主角是我在 Kickstarter 募資平台上，看到的真實計畫的演變過程。

玩具產業已經出現轉折點。隨著塔吉特百貨（Target）與沃爾瑪超市（Walmart）等大型零售業者賣起玩具，再加上現在的孩子提早不玩玩具，螢幕娛樂擠走傳統玩具，數百間玩具零售業者關門大吉。儘管幾部大片與周邊商品帶來了強勁的玩具成長，玩具部門最大的專門零售業者玩具反斗城，在 2018 年關閉美國的店面。

此外，玩具沒逃過數位革命。許多創新的新創公司（與部分既存者，例如美泰兒玩具〔Mattel〕）正在讓自家玩具增添數位元素。

所以讓我們來想一想以下的產品例子（真實存在於 Kickstarter 平台）：想創公司（Thinker-Tinker）製造的「章魚寶」（Octobo）。產品團隊希望讓實體玩具的特性，與先進的數位智慧擦出火花，最後設計出實體的絨毛玩具章魚寶。章魚寶佈滿會回應觸碰與移動的感應器，玩具的智慧來自塞在內部的平板電腦。

章魚寶打造者的願景是提供孩子（與家長）教育性質的互動體驗。此外，由於裝置背後的智慧來自平板電腦，章魚寶可以和孩子一起「成長與發展」，基本上是可升級的玩具。

章魚寶計畫榮獲 OpenIDEO 獎。想創公司的創辦人蘇郁婷參賽時提交的文件，說明了這個玩具背後的演變過程。蘇郁婷表示，章魚寶是「有絨毛的陪伴機器人」。她創業的靈感源自自己懷孕了，而產品點子又是來自她 2015 年的南加大遊戲與互動媒體設計碩士論文。

蘇郁婷談到她試圖解決的問題：

今日的玩具與學習工具，未能以吸引幼兒注意力的方式，讓他們安全學習。孩子長得很快，但玩具很多時候跟不上孩子的學習曲線，僅擁有有限的重玩價值。今日整合科技的玩具，大都減少了孩子和家人、孩子與其他孩子共處的時間，甚至連他們閱讀實體書的時間也減

少。有鑑於這點，再加上章魚寶能和孩子一起成長，展現出數位技術能解決相關問題的能力。

蘇郁婷直覺感受到差距，也看見差距。傳統玩具只能做一、兩件事，孩子很快就會玩膩，或是長大就不適合再玩。另一方面，數位介面不適合非常年幼的孩子，只會助長被動娛樂。蘇郁婷知道玩具如果能促進互動與學習，將不同於會成癮的傳統數位 app 遊戲，家長會對這樣的玩具感興趣。蘇郁婷的靈感來自她想到可以做出一種玩具，既有絨毛動物玩具的舒服觸感，又具備平板電腦帶來的有趣互動。

蘇郁婷談到由於數位裝置已是無法抵擋的潮流，孩子沒有充分的機會在實體世界遊戲，但遊戲是兒童的運動發展及其他技能的必備元素。「實體的玩能訓練我們，協助我們成長。」蘇郁婷在 2018 年的訪談，提到實體的玩能訓練「我們的手眼協調、我們最小的肌肉。不同的觸感實際上可以協助我們藉由感知表面來教育身體。我們不僅在智力方面學習，我們的身體也會透過可觸摸的物體學習。」雖然章魚寶與想創公司尚處於早期階段（蘇郁婷在訪談中形容創業是一趟「雲霄飛車之旅」），結合「數位的玩」與「實體的玩」，大概會替傳統的玩具事業帶來重大轉折點。

章魚寶事業的檢查點包括：

◆ 透過臉書廣告，蒐集潛在使用者與顧客的**數據**

◆ 替擴大計畫規模，找到可能的製造商

◆ 發現除了自行努力，如果還與內容創作者的社群連結，可以加快內容開發的速度

◆ 請教育人士提供內容專業，評估產品設計

◆ 替成功找到關鍵標準與評量方式

◆ 大量與原型產品互動

　　每一個檢查點都代表著一個時刻，專案團隊可以趁機測試關鍵假設，把學到的事用在後續的決定。在本章寫成的 2019 年初，這項 Kickstarter 計畫已經幾乎達成目標，團隊面臨的下一個重大不確定性，將是如何能擴張產能，但維持產品所需的品質。玩具本身在上市前，試用心得已經好評不斷。

不只是「創新劇院」

　　轉折點的好處是開啟真正的機會。若要獲得這樣的機會，組織領袖將得不斷創新，取代已經消失的優勢，回應挑戰，擺脫舊事業的束縛。不過很可惜，許多組織依舊停留在「創新劇院」（innovation theater），意思是**大談創新，但創**

新的流程本身，缺乏企業層級的務實做法、指標，以及其他掌握創新所需的必要元素。

或許最大的創新迷思，在於以為要有很大的點子。人們說只要想出夠好的點子，剩下的自然會水到渠成，但這完全不是事實！

好點子當然很重要，但創新者最初嘗試的點子，很少會是最後實際上市的那一個。創新者必須走過點子的孵化過程，讓點子更加具體、有可能進入市場，最後走過我稱為「加速」的過程，擴大點子的規模，成為母公司的營運事業。發現導向的規劃將提供走過這個流程的路線圖。

重點回顧

即將出現的轉折點的微弱訊號增強後，此時要探索如何處理那些訊號。然而，相較於源自事實的知識，你在很大的程度上依舊是在處理假設。最理想的前進道路，是採取發現導向法，將假設轉換成知識，而不會只是試著證明自己說對了。

你在這個階段的目標是盡可能想出各種可能性，接著看看能否快速確認哪些行不通。

不必擔心有必要提出「正確的」假設，只需要想一想，是否值得找出下一步該怎麼做。

先從你的競技場開始：你要從哪裡取得資金？資金是否多到值得投入心血？

習慣性創業者會利用一套做法搶先了解狀況，例如：建立異溫層的多元人脈，尋求建議、資源與洞見。各位也可以學習相關的做法。

第 6 章

凝聚行動力
授權每個人回應變化

重大潮流不難看到，畢竟人們會大量談論、大量書寫，但奇怪的是大型組織就是很難跟上。

——貝佐斯

想像一下，微軟開資深高層會議的時候，一開始先在螢幕放上顯眼的「同理心」三個大字。凡是跟這間公司打過交道的人，絕對會被眼前這一幕嚇一跳，甚至懷疑自己在做夢。然而，微軟的第三任執行長納德拉熱切相信，同理心將能改造這間公司——開始對顧客有同理心、對彼此有同理心，工作環境能帶給員工心理安全感，具備成長型心態。

這樣的景象將非常不同於 2011 年的諷刺漫畫：在那張組織圖中，微軟的內部競爭激烈，公司文化是拿槍指著彼此。

納德拉下定決心掃除這種印象，凝聚組織對於未來的共識。媒體大力讚揚納德拉以執行長的身分推動微軟改變，不過早在他成為公司領導人之前，就已經在默默推動。他任職於微軟的期間，向來凝聚身旁的力量，努力讓眾人對於公的未來有志一同。

本章主要就是要談這件事。執行長與高層要是成功，我們一般會認為他們擁有超自然的力量。失敗則一定是他們有什麼致命的缺點。然而事實上，凝聚組織的真英雄通常另有其人，位於組織的其他地方。事實上，你可能就是那個無名的英雄。

真正的英雄平日接觸組織的第一線，也就是我們在第 1 章討論的組織邊緣，這樣的人通常有辦法洞察真正發生的事。高層扮演的角色則偏向讓下情能夠上達，辨識重要訊

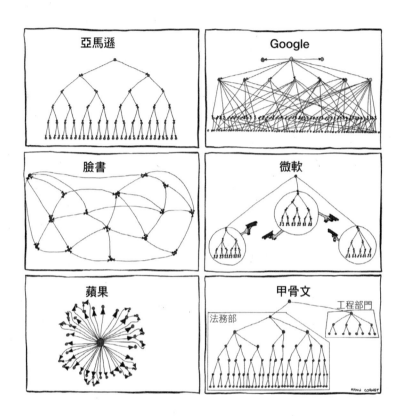

息，授權最了解狀況的人去處理。

順利走過轉折點的組織，懂得聽知道實情的人說話，依據他們的判斷採取行動。這樣的人員通常會因此被提拔到更重要的位子。未能有效面對轉折點的組織則沒人「聽」知情人士（不論是好消息或壞消息）說話，他們的意見因此沒獲得採納。背後的基本概念是我們必須了解，組織基本上是一種「複雜」（complex）的系統，不只是「繁複」（complicated）而已。兩者的重要區別在於如果是繁複的事物，光是知道最初的狀況，便能預測走向。**複雜的事物則無法這樣預測，因為最終的結果源自元素之間不可預測的互動。**

開飛機是一個很好的例子。波音 747 是構造非常繁複的機器，但我們想出辦法讓操作變得很好預測。交通管制系統則是複雜的情形——系統內各元素是獨立的，事情隨時可能產生變化，帶來出乎意料的結果。

同理，組織在處理新興轉折點時，先要有達到關鍵多數的成員感到組織確實處於轉折點，如果不現在就採取行動，將大事不妙。高層的確有責任號召全體員工，讓眾人在情感上、理智上都感到必須救亡圖存。然而，**過程中必須是階層上下的許多人一起行動，眾志成城，才會真正帶來理想的結果。**

如果只有組織最高層的人執行關鍵活動，幾乎注定會失敗。領導（而不是試圖掌控複雜環境）的主要任務是安排每個人要做的事，授權給眾人，讓大家感到不論自己正式的職稱是什麼，當出現新資訊時，可以放心迅速採取行動。

反思微軟 Kin 手機為何落敗

微軟在 2010 年推出 Kin 手機，這距離納德拉接掌公司，

還有很長一段時間，下場十分慘烈，帶來誤把「複雜環境」當成「繁複環境」的警世故事。我認為 Kin 手機的故事是悲劇的原因，在於我一直認為 Kin 其實是很聰明的策略，產品本身具備大量的有趣元素，負責的團隊又極有才華。**Kin 的失敗告訴我們，碰上醞釀中的轉折點時別做哪些事。**

回溯一段歷史

艾拉德（J Allard）1991 年剛從波士頓大學畢業，就進入微軟上班，起初擔任網路程式設計工程師。1994 年 1 月 25 日那天，艾拉德因為洞燭機先，一戰成名：他看見網路正在崛起。

簡單來講，艾拉德屬於「邊緣」人士，很早就看見醞釀中的威脅與可能的轉折點，向高層報告消息，催促組織動起來。

微軟的核心事業是販售個人電腦的盒裝軟體，但艾拉德 1991 年加入微軟後，搶先看見網路即將帶來公司轉折點。他在不是每個人都清楚看見網路轉折點的時候，就在 1994 年 1 月寫下備忘錄，標題是〈Windows：網路的下一個殺手級應用〉（Windows: The Next Killer Application for the Internet）。艾拉德寫道：「網路帶給微軟不可思議的機會。微軟可以從眾多層面有效探索大型網路，包括顧客需求、技

術挑戰、服務品質（QoS）議題、電子商務與資訊瀏覽技術。」艾拉德當時才 25 歲。

艾拉德提出的願景太鮮明，蓋茲召開備受矚目的全天會議，公司裡的資深高階主管與年輕人齊聚一堂，艾拉德是青壯派的代表。《紐約時報》形容艾拉德有如「福音傳道者」，熱情介紹網路將徹底改變世界。當時的與會者回憶，蓋茲拍板定案：「我們要狠狠賭在網路上。」那場會議過後問世的 Windows 95 作業系統，納入網際網路的 TCP/IP 通訊協定，據傳此舉是為了對付獨立的網路瀏覽器網景（Netscape），因而使微軟日後陷入爭議。最終，艾拉德通報的事引發微軟的重大轉向。

另一個威脅到微軟的轉折點，也是在邊緣接收到弱訊號。這次是 Sony 談到旗下的 PlayStation 2，將成為娛樂、資訊分享，以及其他家庭數位活動的中心，威脅到傳統的個人電腦。艾拉德的圈子動起來，催促微軟進入遊戲事業，因應這個即將出現的挑戰。經過一番角力後，艾拉德加入日後的 Xbox 團隊。許多人感到 Xbox 的產品設計與後續的銷售盛況，艾拉德的關鍵領導功不可沒。艾拉德接下來又帶領微軟的 Zune 音樂播放器，雖然最後沒成功攻占 MP3 市場，他在公司的聲望（以及與蓋茲的穩固關係）不受影響。

進入行動運算轉折點

接下來發生的事，源頭是在千禧年之交，手機開始流行，據說超越 10 億人隨身攜帶手機，不過當時的主要用途是打電話，外加各種形式的文字訊息（還記得「黑莓機膜拜者」嗎？（BlackBerry prayer，譯注：形容專心低頭握著手機打字的姿勢）。魯賓（Andy Rubin）、赫韓森（Matt Hershenson）與布理特（Joe Britt）三名前蘋果工程師，在 2000 年創辦 Danger 公司，他們的願景是創造出「端對端無線網路解決方案，致力於物美價廉的使用者體驗。」

三人打造出能掛在腰間的迷你電腦，也因此最初命名為 Hiptop（臀部上方），暱稱是「花生」（Peanut），日後又更名為 T-Mobile Sidekick。設計師希望讓一般人隨時隨地都能上網。當時的大型入口網站，實際上只能和使用者在桌前互動。相較之下，花生這種小型的手持式裝置，能讓一般人不必花很多錢，也有辦法下載與隨身攜帶各種資訊，例如：存放在大型入口網站的待辦清單、近期的電子郵件與地址等等。當時僅有單向的資訊傳輸。三人打算採取的商業模式是終端使用者只需要付 1 塊錢，便能購買裝置，後續他們再向入口網站收取每位使用者的月費。

我們今日可以看出花生是重大突破，但當時感覺上是雞肋。花生設想的目標是使用者每天能讓裝置與自己的電腦同

步，包含他們喜歡的入口網站，下載最關鍵的資訊（別忘了，當時是單向的裝置同步）。開發團隊認為可以在一天之中透過 FM 無線電副載波，將小的更新傳送至裝置。理論上，只要你能收到 FM 無線電，就能收到訊號。Danger 為了提供此一服務，打算在大型的都會市場租借頻譜，不過當時擔任 Danger 資深工程師的迪薩維（Chris DeSalvo）指出，這個 FM 訊號概念「是糟糕的點子」。

團隊放棄結果不甚理想的 FM 點子，轉而探索 GPRS（通用封包無線服務）的潛能，有望帶來 GSM 網路上的雙向通訊。公司投資人甚至已經找到有意展示這項技術的電信業者，對方正在尋找運用此一新功能的裝置。那家電信業者是 VoiceStream 無線（VoiceStream Wireless），我是最早的租戶之一，用的是當年的 Ericsson 手機！它原本是西方無線（Western Wireless）分拆出來的子公司，2001 年被德國電信（Deutsche Telekom）收購，2002 年更名為「美國 T-Mobile」（T-Mobile USA）。

即時雙向通訊的前景十分誘人，團隊放棄花生的點子，轉而打造世人沒見過的全新裝置，希望其他人也會有興趣使用。Hiptop 就此問世。迪薩維稱 Hiptop 是「第一支隨時連結網路的智慧型手機」，提供眾多創新的功能。以今日的話來講，你可以即時將數據儲存在雲端，甚至還能享受「下載樂趣」（download fun），也就是類似於 app 商店的服務。

2002 年 10 月，T-Mobile 重塑品牌，以 Sidekick 這個名字推出 Hiptop，風靡一時，名人與青少年都愛用，甚至成為名人醜聞的主角：名媛芭黎絲・希爾頓（Paris Hilton）因為 Sidekic 被偷，流出裸照。

醞釀 Kin 的顛覆性點子

再回到微軟艾拉德的故事。諷刺的是，大約就是在蘋果醞釀第一支 iPhone 的期間，艾拉德有一個願景。他認為市場上有空間容納類似於 Sidekick 的手機。那將是一種「平台相容、以雲端為本的功能型手機，售價相對便宜，銷售對象是新興的青少年與年輕成人市場。這群人不太需要黑莓機等級的裝置（或售價）。」

艾拉德認為這種手機有很大的市場——目標顧客想要使用智慧型手機的部分功能，但不想負擔那麼貴的機子或數據方案。手機可以賣給整天待在社群媒體上的人（一般是年輕人），這群人想要的技術，要能支援傳送照片與簡訊給彼此。微軟讓這種手機成真的第一步是買下 Danger 公司，時間是 2008 年 9 月，據傳以 5 億美元成交。

順帶一提，我認為艾拉德的策略其實原本有望成功：製作吸引低階市場的手機，但提供部分的高階功能——前提是價格夠便宜。那種手機將帶有龐大的顛覆力量，替微軟做到

便宜的個人電腦問世做到的事，只不過進入市場的速度必須夠快，公司在產品背後全力撐腰。

艾拉德是極有說服力的福音傳道人，其他人也認為這種手機是好點子。起初有一群潛在的夥伴搶著加入計畫，微軟最後選擇與夏普（Sharp）合作製造手機，交給威訊電信公司（Verizon）獨家販售。艾拉德在微軟執行長鮑爾默的支持下，讓自己的單位完全獨立於微軟的高階 Windows 手機事業群，努力從全公司那取得資源（例如：Zune）。

微軟的兩個手機計畫分屬於不同的部門：「粉紅專案」（Project Pink，Kin 計畫的代號）隸屬於「娛樂與裝置部門」（Entertainment and Devices Division），由羅比·巴哈（Robbie Bach）帶領。巴哈是備受推崇的資深高階主管，被視為 Xbox 的功臣。Windows 的產品則由 Windows 自己的部門開發，由李斯（Andy Lees）主導。

同一時間，蘋果的 iPhone 已經引發熱潮。Google 收購的 Android（與 Danger 的創辦人魯賓合作）也在 2007 年亮相，2008 年開始出貨。微軟呢？沒有太大的進展。觀察者表示，微軟的手機事業「正在凋零」。

問題就出在那。科技部落格 Engadget 指出：「講白了，他〔李斯〕嫌粉紅專案礙眼。我們的消息來源指出：李斯『眼紅』。他八成是擔心 Kin 會搶走大家對於 Windows Mobil 路線圖的關注（大概還包括資源）。李斯施加足夠的壓力後

如願以償，粉紅專案改由他帶領，艾拉德被迫退居幕後。」

　　Kin 後續的故事令人傷感。李斯做出幾個讓 Kin 專案延宕的決定，例如讓手機的作業系統更接近 Windows 7。此外，用戶期待的關鍵功能，李斯幾乎都不投資相關的研發。此外，威訊起初同意讓數據方案是入門價，最終出爐的月費，卻遠高於目標客層能負擔的價格。Kin 手機轟轟烈烈失敗，只在市場上存活 6 星期。代價是多少？許多觀察者指出超過 10 億美元。鮑爾默那年的分紅被砍半，據說與這項產品失敗有關。艾拉德的另一項專案（Courier，類似於 iPad 的前身）也被取消，據說原因是微軟內部的有力人士，感到不符合 Windows Mobil 的路線圖。艾拉德最終離開公司。

　　Kin 象徵著微軟的領導階層未能凝聚士氣，讓大家朝著共同的願景走。即便這個世界正在走向更緊密、更整合的顧客體驗，微軟沒能讓公司團結起來。

　　微軟過去做對了，懂得聆聽位於邊緣的人，尤其是在蓋茲的年代。然而，微軟向來的問題是無法善用聽到的訊息，化為大家共同努力的目標。

　　千禧年開始時，微軟的市值是 6,420 億美元。接下來 10 年，微軟持續收割桌上型電腦霸主地位的果實，享有龐大現金流。在 1996 至 2005 年間，Wintel（Windows+Intel 設計的微處理器）稱霸個人電腦作業系統的市場。然而到了 2012 年，Wintel 的市占率跌至 35%，Apple 與 Google 的裝

置後來居上。

微軟在鮑爾默的帶領下推出 Vista 作業系統，立志改造核心的 Windows 平台。Vista 花了很多時間設計，但飽受用戶批評。有的人士感到 Vista 讓微軟分心，錯過了智慧型手機與行動應用帶來的使用轉向。事實上，iPhone 宣布即將上市的消息後，鮑爾默甚至加以嘲笑，推斷沒有鍵盤的手機吸引不了商務人士。iPhone 賣那種價格，還沒有鍵盤，只可能打進消費者市場。鮑爾默當時表示：「我喜歡我們的策略。」

微軟基本上知道行動（mobile）將很重要，但沒趁機推出吸引人的產品。如同《大西洋》（*Atlantic*）雜誌的湯普森（Derek Thompson）2013 年所言：「微軟依舊不是打造人們真心喜愛的東西，而是人們認為不得不用的產品，尤其是商務人士。」大約在同一時間，鮑爾默宣布退休的打算。《紐約客》（*The New Yorker*）的撰稿人指出：「微軟需要既能預測趨勢、又能吸引優秀開發者的領袖。微軟需要和鮑爾默很不同的人。」

用同理心動員眾人

Kin 的故事，以及微軟在手機的世界慘敗（這顯然是科技的轉折點），問題出在缺乏走過轉折的關鍵元素，最後公司未能脫胎換骨。光是看見醞釀中的轉折點還不夠。若要動

員組織一起關注弱訊號說出的事，基本上必須讓全公司對未來有共識。今日的微軟故事則是懂得這麼做的教科書範本，而且是真的，一切始於「同理心」。

鮑爾默打算退休後，微軟先是在外部尋找接掌公司的人才，處處碰壁六個月後，最後是內部的納德拉在 2014 年 2 月上台。從納德拉第一次公開發言的主題，就看得出他有意動員組織。首先是他承諾要打造「以人為本」的 IT。不論是工作用或家用的 IT，將以用戶為中心，打破許多人心中抱持的傳統界限，不再區分「消費者事業 vs. 以企業為主的事業」。納德拉指出要創造美好體驗，而不是優秀產品，還談到夥伴關係、生態系統，以及與他人合作。

最重要的是納德拉大力強調文化。如同他日後所言：「有一件事只有執行長能做，那就是替集體的精神與文化定調。」納德拉做的最大的改變，完全符合我在本書提到的理論：**明確專注於領先指標**。納德拉解釋：「我們不再談成功的落後指標。沒錯，也就是不再講營收與利潤。成功的領先指標是什麼？**顧客愛你**。」如同納德拉所言，他碰上的挑戰是「讓整個組織愛上成功的領先指標。」

本章基本上要談，你如何能創造出一個環境，讓裡頭的關鍵多數有志一同，對於預示著未來會不會成功的指標，抱持共同的觀點？

打造具備彈性的文化

成功的組織會碰上典型的拔河，一邊是運用可重複的商業模式，一邊是找出新型的商業模式。商業模式可重複的時候，一切朝效率看齊，畢竟如果事情沒有太大的變化，就能拆解所有的活動，讓每個環節的效率增加到極致，讓系統最佳化。此一概念源自亞當‧斯密（Adam Smith）年代以來的管理實務，到了泰勒（Frederick Winslow Taylor）的科學管理法之後，更是成為組織該如何運轉的經典法則。今天則是透過演算法讓工作者的行為最佳化。

兩難之處在於組織面臨的挑戰不在於可重複的執行，而是創新或回應複雜。把事情拆解成好理解的幾個部分，不僅幫不上忙，還可能是危險的陷阱。前文提過領袖必須持續進行組織再造，隨時隨機應變，不能安穩度日。領袖必須配置全公司的資源，不讓各部門山頭林立，還必須取得與回應新資訊，不害怕改變，記住每個聲音都可能很重要。這樣的做法與公司文化有關，意思不是朝令夕改，而是培養面對複雜局勢時的彈性。

納德拉意識到微軟迫切需要大轉向，從重視推出好產品，走向培養與鼓勵新能力。他將需要改造公司架構，不再強調事業單位的劃分，改成看重其他能力。納德拉在 2018 年表示：「我要的是矽谷的能力，雲端運算的能力，AI 的能

力。我要裝置有產品美學。接下來，我們要把這樣的能力，在不同時刻應用在不同市場……數位沒有什麼事業單位這種事，你需要整合事情。」

納德拉拜訪相關人士，四處奔走，宣揚他的使命，讓大家了解整體目標：「執行長必須做什麼？」納德拉在 2016 年問。「你必須替不確定的未來下判斷，還得培養文化。我認為我在到處跑的過程中，這兩件事我都學到很多。」

納德拉強調的事從一開始就像一支箭，直直射中微軟的典型競爭文化。過去的微軟文化重視「唇槍舌戰」與知道很多事，討論通常很熱烈，但目標是辯贏。納德拉 2017 年的《刷新未來》（*Hit Refresh*）一書中指出，他發現這種態度是心理學教授杜維克（Carol Dweck）所說的「定型心態」（fixed mindset）。定型心態人士花很多時間讓自己傑出，證明自己有多棒，努力當正確的那個人。相較之下，以「成長心態」（growth mindset）處理問題的人士則重視學習，永遠對新資訊抱持開放的心態，重視進步，而不是重視當第一名。納德拉著手研究如何讓微軟文化培養出成長心態。

杜維克擔任過微軟的顧問。她表示納德拉「十分了不起」，積極吸取新知，願意從錯誤中學習。

微軟在選擇領導團隊的成員時，也開始採取這樣的標準。如同納德拉所言：「我努力讓環境適合具備團隊精神的人士。」微軟多年來「培養渴望眾星拱月的領袖」，但現在

不一樣了。「如今你必須以團隊的身分推動事情。那對微軟來講是很不一樣的做法。我感到那是公司最缺的東西。」納德拉挑選領袖時重視的能力，包括說清楚講明白，創造活力，以及忍住不抱怨。「我說：『嘿，聽著，你在糞坑裡，但你的任務是找出玫瑰花瓣。』」而不是哀嚎：『喔，我在糞坑裡。』拜託！你是領導者。領導就是這樣。你不能抱怨限制，我們活在受限的世界裡。」

微軟的管理會議上，也因此有一個環節是談同理心。

釐清目標、釐清策略

我是策略作家，經常有人問我，策略的概念與相關的長期意涵，是否真有任何用處，畢竟如果競爭優勢轉瞬即逝，下一件大事又很難預測，為什麼還要耗費力氣找出該如何看待未來？

人們會這麼想，原因是不理解碰上複雜情境時，有必要授權給整個組織，**讓眾人有辦法在缺乏高層的指示時依舊能行動**。此時絕對有必要對目標有共識，知道如何各司其職。眾人必須有基本的共識，**了解所有人究竟是在試著完成什麼，才可能分頭行事**。

有的組織未能清楚解釋策略，上下一心，做了決定又取

消，資源沒用在刀口上，員工感到無所適從，也因此種下禍根，帶來最後造成 Kin 失敗的你爭我奪。當大家有共識，清楚知道大方向，甚至躍躍欲試，就能齊心協力，朝相同的方向走。

納德拉在 2014 年提出他訂定的整體目標：「我們要成為百年企業，讓人們感到工作很有意義，那是我們要追求的目標。」不久後，納德拉徹底改變微軟一直以來的策略，不再主打桌面軟體，改朝雲端發展。此外，微軟當初為了進軍智慧型手機事業，買下 Nokia 的手機資產，但出師不利，納德拉砍掉這個計畫（據傳割捨這部分的事業，讓微軟付出超過 86 億美元的代價），大力投資數據中心，實現公司的全球雲端願景。此外，納德拉以 260 億美元買下人脈網站 LinkedIn，提出新的公司使命宣言：「我們的使命是讓全球的每個人、每個組織完成更多事。」此外，人人都知道 Windows 是微軟的命脈，但出乎許多人的意料，納德拉以各種委婉的做法，不再強調 Windows 的重要性。

授權每個人行動

本書一再提到成功走過轉折點的關鍵，將是組織裡的**每一個人全都能看見轉折點，並且動員公司抓住轉折點帶來的**

機會，不只是領導階層而已。納德拉也採取這種哲學。如同他在《刷新未來》一書中提到：「我們有時會低估我們每個人讓事情發生的能力，高估其他人必須替我們做的事。有一次，我在員工的 Q&A 時間感到不耐煩，因為有人問我：『為什麼我不能用手機列印文件？』我客氣回答：『那就讓這件事發生。這件事完全交給你了。』」

納德拉執行正式與非正式的機制，好讓員工的聲音能被聽見，員工的洞見被認真看待，例如他召開資深領袖團隊的定期會議時，開頭是「厲害的研究人員」（researcher of the amazing）時間：由公司各處正在做有趣事情的團隊，向整個執行團隊簡報。麥克克拉肯（Harry McCracken）在《快速企業》（Fast Company）的報導中，描述伊斯坦堡的團隊臉上散發光芒，興奮地介紹他們正在開發的 app 可以唸書給盲人聽。納德拉一改前朝的做法，刻意讓領袖會議有如團隊運動。自由流通的資訊讓點子得以在組織中散布，開啟決策的道路。

此外，納德拉還刻意接觸挑戰自身世界觀的經歷，帶來新鮮的洞見，例如他因為兒子贊恩（Zain）罹患嚴重的腦性麻痺，積極參與微軟的失能人士社群，定期與他們見面——經歷不同於一般人的團體，再次有機會和組織上下的不同人士溝通。

納德拉還談到某次的體驗，也讓他接觸到不同的觀點：

納德拉曾經參加 Netflix Insider 計畫，有機會跟在 Netflix 執行長海斯汀身邊看他工作（海斯汀當時是微軟董事）。納德拉以前不曾接觸過微軟以外的任何公司，而微軟的特色是你必須想辦法證明自己是對的。Netflix 的環境讓納德拉大開眼界，他告訴投資公司 ValueAct Capital 的執行長莫菲特（G. Mason Morfit）：「Netflix 會依據新數據快速轉向。」莫菲特回想納德拉曾告訴他：「相較於微軟建立的科層制度，他認為 Netflix 的這件事非常值得關注。」

納德拉在 2014 年任命詹森（Peggy Johnson）為事業發展副總裁。他對詹森的期許是：「我要你深入雷德蒙（Redmond，微軟的華盛頓州總部所在地），也要深入雷德蒙以外的地方。」這道命令的目的顯然是要從外部的來源獲得新資訊，與矽谷建立連結。納德拉本人也定期造訪矽谷，接觸矽谷的新創公司，這對歷任的微軟執行長來說是創舉。這部分的努力已經見效，開始有新創公司沒自動採用一般會用的亞馬遜 AWS，改以微軟的 Azure 雲端平台打造事業。

此外，納德拉如果看好團隊正在研發的事，就會大力稱讚，表明將大力支持。納德拉首度看見公司尚在祕密開發的混合實境（MR）系統「Holo-Lens」時（當時他尚未擔任執行長）感到驚艷。微軟負責推動這項技術的金普曼（Alex Kipman）表示：「我第一次見到有人從『我不懂這東西』到『這是運算的未來』，這麼快就改變態度……納德拉自此之

後便大力支持。」

此外，微軟以 260 億美元收購 LinkedIn，也被讚美是高招。微軟因此得以蒐集 LinkedIn 5 億用戶的數據，但由於 LinkedIn 是專業人士的網路，風險遠低於臉書、推特等偏私人的平台上的不良行為。有了 LinkedIn 的用戶，再加上全球 10 億以上使用某種版本的 Office 產品用戶，大量的使用者協助微軟訓練旗下的 AI 軟體，推動機器學習。此外，有辦法存取 LinkedIn 這個數據寶庫，也讓微軟得以「看見」趨勢與 LinkedIn 平台上的各種討論。

洞燭機先還包括判斷未來什麼「不」重要。納德拉割捨前景有限的專案，例如：Fitbit 式的健身追蹤器 Microsoft Band。此外，納德拉做出困難的決定，認列 70 億損失，關閉購自 Nokia 的手機事業，解雇超過 2 萬人，承認微軟已經錯過手機的轉折。在此同時，納德拉鼓勵公司打造跨技術的軟體，甚至為了開發軟體，加入 Linux 基金會（Linux Foundation）。前任執行長鮑爾默則曾經稱 Linux 為「癌症」，即便日後他對 Linux 生態系統的價值開始感興趣，2016 年還表示「我現在愛它」。

呼籲從跌倒中學習，比較適合由領導者來推動，畢竟事情真的出錯時，當事人比較難擁抱這種哲學。2016 年 3 月，微軟在推特上推出 AI 聊天機器人 Tay。Tay 由「未來社會體驗實驗室」（Future Social Experiences Labs，簡稱 FUSE 實

驗室）研發，原先的用意是了解此類技術如何與真人互動。

很不幸，對微軟的聊天機器人來講，推特是極不友善的環境。酸民立刻發現只要告訴 Tay 種族主義、性別歧視或其他負面的話，Tay 就會回答更多那一類的話。才過了一天，這個機器人基本上就被洗腦，講的話愈來愈「不堪入目」。批評者抓住機會大肆嘲弄，Tay 實驗變成大型的丟臉事件，微軟只好讓聊天機器人下線。

納德拉如何回應？他寄信告訴團隊：「繼續努力，別忘了我支持你們。」納德拉經常表示，他的職責有時是事情在出錯時，提供「空中掩護」，進一步鼓勵組織上下的員工勇於冒險。

納德拉取消年度全員大會，改舉辦 One Week 活動。參加的 1.8 萬人來自美國、中國、印度、以色列與其他國家，大家可以準備自己「有熱情的計畫」，其中許多最後成為微軟「車庫」裡的新點子。所謂的車庫是指人們可以實驗新點子的地方。從繪製 3D 圖到翻譯簡報字幕，車庫的「工作台」上有數十個 app，進行著五花八門的任務。有的點子天馬行空，但全都源自鼓勵組織的邊緣做實驗。

改造激勵制度

我們現在知道文化與策略很重要，意識到這點很好，但即便誠心打造出更具彈性的組織，太常需要重新打造激勵方案與獎勵，才能鼓勵大家行動。組織太常發生的情形是閃亮的新策略出爐，但沒有任何配套的措施，確保人們會因此和其他的好表現一樣，獲得組織的獎勵，而獎勵的確會影響人們的理性與感性。

微軟大幅改造激勵制度，從原本獎勵賣出多少數量的某樣東西，改成獎勵有多少用戶使用。此外，微軟開始讓領導階層共用指標，以促進合作，區分納德拉所說的績效指標（performance metrics）vs. 力量指標（power metrics）。績效指標評估人們在某年度的某些事項做得多好，例如：營收與獲利。力量指標則與未來的績效有關。領先指標包括顧客滿意度與「顧客愛你」的程度。

如同納德拉所言：「我們追蹤的指標包括月活躍用戶數、月活躍用戶數 vs. 日活躍用戶數的比例、消費與消費成長。對我們來講，這些指標和任何季末營收或部門利潤一樣重要。」

微軟案例小結

本章以微軟為例，談凝聚一大群人的士氣的重要性。微軟出現重大轉向，走向雲端、AI，以及不同於以往的商業模式。類似的故事出現在所有走過轉折點的組織身上：指揮控制式的管理、泰勒科學管理的思維、個人竭力追求私利，全都可能是複雜環境中的致命因子。

想一想，如果你能讓數十名、數百名，甚至是數千名員工，全都成為推廣大使，大家朝著共同的目標努力，那將是洞燭機先的關鍵條件。

重點回顧

光是看到轉折點正在出現還不夠。有效回應的前提是組織裡大家觀點一致，一起努力。

時代在變動，即使找對了回應方式，內部的摩擦與競爭有可能導致功虧一簣。任何有意擔任變革促進者的人士，關鍵任務將是處理辦公室政治。

重大變革的訊號通常看起來很小，轉變一點一滴出現，但依舊會威脅到既有的模式，帶來轉折點。

轉折點帶來重大變化時，有時公司是自己最大的敵人。

察覺與回應轉折點時，關鍵是屏棄定型心態，採取成長心態。

　　授權人們採取行動，將能拓展組織能做的實驗，增加及時看見早期轉折點警訊的機率。

　　如果你想見到實驗，你必須讓勇於嘗試卻失敗的人知道，有人支持著他們。

　　把領先指標納入組織的激勵辦法，將能確保人們留意領先指標，增加採取相關行動的可能性。

第 7 章

組織創新精練階梯

創業精神並不「自然」，不是「發揮創意」，而是工作……任何企業都做得到創業精神與創新……這可以學，但需要努力。具備創業精神的企業，視創業精神為責任，有紀律……努力去做……想辦法實現。

——杜拉克，管理大師

呂爾（Gisbert Rühl）看起來不像革命家，外表符合他那種背景的人，有如工程與會計的混合體。然而，呂爾想做的事絕對不缺革命精神——他要顛覆全球鋼鐵業不可侵犯的傳統商業模式。

不過首先，先介紹鋼鐵是如何有點神祕地從煉鋼廠那邊，跑到鋼材的客戶那邊，最後再到各位手中。我 2014 年受邀到「金屬服務中心協會」（Metals Service Center Institute）做專題演講時，對這些事一無所知。（誰會知道其中暗藏玄機？）我那次得知「金屬服務中心」是很龐大的網絡，他們是大型鋼鐵供應商與小型消費者的中間人。大供應商想要一次出售成噸的鋼鐵，但小型買家不想買那麼多，或是沒必要，不想為了製造產品囤積鋼材。

金屬服務中心業者在此時登場。他們向大型生產商大批進貨，處理成適合客戶需求的規格，再分售出去。此外，他們負責囤積庫存，量非常大，幾乎是客戶一叫貨就能立刻提供。德國的克洛克納公司（Klöckner）是其中的大型業者。

重新定義鋼鐵業的競技場：以克洛克納為例

呂爾自 2009 年起，擔任克洛克納的董事長與執行長。當時全球的鋼鐵業風雨飄搖，需求下跌，但產能減得不夠

多，導致鋼價暴跌。中國的廠商又讓更多產品進入系統，產能過剩的問題雪上加霜。經濟合作暨發展組織（OECD）憂心忡忡，在厚如磚頭的出版品中，大談全球鋼鐵產業的「危機」。

呂爾的第一要務是執行不受歡迎的「公司重組」。克洛克納已經多年嘗試降低成本，刪減行政與銷售的間接費用、出售與合併營業地點、執行前所未有的裁員，解雇超過兩千名員工。然而，即便做出種種努力，公司依舊出現虧損，甚至停發平日會發放的股利。呂爾心情沉重，而且知道情勢不會很快就好轉。資料顯示他曾在 2013 年表示：「雖然我們絕不滿意收益情形，但數字明確顯示我們的公司重組措施，讓我們能以自身的力量，對抗持續不理想的市場潮流帶來的盈餘壓力。」

話雖如此……

即便公司已經大幅刪減核心事業，轉型成在舊制度中具備競爭力，呂爾依舊在思考未來會是什麼樣的新面貌。

同樣是在 2013 年，呂爾參加在中國大連舉辦的世界經濟論壇（World Economic Forum）私人會議，會議名稱是「從全球觀點看促進由創新帶動的創業精神」（Fostering Innovation-Driven Entrepreneurship: A Global Perspective）。

那場會議的關鍵論點是創新愈來愈需要合作。眾家組織需要跨界尋找點子，創造價值。從那次的與會者身分看得出

來，就連傳統業者也開始重新思考平日的競爭活動。

2013 年時，數位平台已經在鋼鐵業以外的世界成為主流。Airbnb（2008 年成立）說服成千上萬、甚至是數百萬民眾利用多餘的空間，出租空臥室與閒置的房子。YouTube（2005 年創辦）證明不需要電視網或內容創作網，光靠用戶提供的貓咪及其他影片，就能打造出全球媒體事業。臉書（2004 年成立）讓用戶眨眼間就能傳送訊息與原創內容給數千人，甚至數百萬人。當然，有了 AWS 後（2006 年問世），只要你有點子、有尚未解決的市場問題，人人都能建立平台。不需要固定資產，也不需要有很多的電腦硬體，就有可能解決問題。

相關平台能成功的主因是釋放與利用閒置的產能，高效媒合供給與需求。套用本書第 3 章與第 4 章的術語來講，這些平台開啟了全新的資源庫，創造出新競技場。

剛才提到的幾間公司，全都徹底重新定義競技場，沒有一家是直接與任何現存的業者競爭。這些公司能流行起來，帶動爆炸性的成長，靠的是替顧客解決待辦事項，效果勝過既有的制度設計。

呂爾煩惱的正是這點。他研究克洛克納公司競爭的競技場，發現嚴重缺乏效率，價值鏈上各處的顧客試圖滿足用途時，全都不是很滿意，呂爾在 2015 年的簡報談到自己的思考歷程：

我們在鋼鐵價值鏈的傳統核心事業是保管庫存，向歐洲與北美的大生產者購買鋼鐵，囤放購入的鋼鐵，接著販售給會用到鋼材的各行各業，包括建築業、機械、機械工程業與汽車產業。我們必須囤積鋼材，因為我們不知道顧客隔天會買什麼，尤其是建築業的現貨交易。建設公司一般是今天叫貨，我們明天就必須送到。我們靠庫存供貨，自然缺乏效率，更何況不只是我們囤積鋼材，鋼廠也在囤積，因為他們不知道行銷通路的需求。他們不知道的原因是我們不提供資訊，不告知我們後續需要供應哪些鋼材。供應鏈被切成好幾段，極度缺乏效率。此外，我們的客戶通常用傳真或電話叫貨。我會說在過去的十幾二十年間，唯一的創新就是我們接到愈來愈多的電子郵件訂單。

大約在兩年前，我因此開始思考價值鏈，想著這個世界改變後會發生什麼事。當這個世界轉變成數位化的世界，是否還需要克洛克納這樣的公司，或是只剩下部分的需求。此外，從現在起的 5 年後，價值鏈又會長什麼樣子。以上是我們思考的起點。

呂爾當時得出的洞見，包括鋼鐵業如果不開始數位化，有可能出現新型的參與者，把他們打得落花流水——那些新進者將如同其他領域的平台參與者，完全顛覆他們進入的

產業。

這樣的想法帶來跨產業的平台願景，以減少鋼鐵這種零散型產業的摩擦力，但同樣也適用於其他產業。這樣的平台不一定要專屬於克洛克納公司，即便克洛克納也在開發，其中或多或少將是中立的數位空間，方便供應商、顧客與第三方交易。簡而言之，克洛克納將帶頭衝鋒，從大量無效率的線性流程，走向透明運作的整合式生態系統。

主動將供應鏈數位化

就這樣，克洛克納踏上旅程，預備顛覆不透明的鋼鐵供應鏈，加以數位化。舊制度這些年來的崩壞，無疑也是催化劑，克洛克納決心找出前途更光明的未來，但要從哪裡著手？

零散型產業帶來新機會

鋼鐵業會存在數位平台帶來的機會，原因是產業架構一團亂。供應商的空間是集中的，這些年來的購併與規模經濟的需求帶來了整合，但產品／經銷空間高度零散。我們買東西時習以為常的事，例如：比價、確認存貨、在網路下單等

等，鋼鐵的末端客戶全都無法做。

克洛克納屬於大型的鋼鐵業者。其他同行大都相對小型，僅提供簡單的產品與服務。小型業者缺乏自行數位化的規模，如果有平台能讓他們能接觸到更多機會，又不必負擔開發平台的成本，他們大概會願意參加搶先做這件事的平台。

鋼鐵客戶試圖滿足用途時，現存的架構不是很方便，不提供第三方或搭配的產品，例如保險，而且很難比價或比較服務。此外，現行架構讓鋼鐵業者一切都得自己來，沒讓更多的專門業者負責細部的工作，例如物流。客戶如果需要搭配鋼管的塑膠管等其他材料，不太可能向現有的金屬服務中心一起叫貨。

著眼於未來的起點

克洛克納首度嘗試尋找潛在的顛覆時，在公司內部成立「創新」小組，地點靠近公司總部，由一名教授負責主持，但沒有太大的進展。各位八成猜想得到，反對者拒絕討論新的可能性，說來說去都是：「鋼鐵業不這樣做事。」幾個月過去後依舊沒有進展，克洛克納的高階主管判斷，有必要採取全新的做法。

呂爾因此決定成立獨立的組織推動事情。他研究新創公

司的做法，結論是要改造的話，需要從真正的創業精神起步。方法是找來不同的人才，技能與背景要不同於杜伊斯堡（Duisburg）總部裡的傳統員工。此外，借用矽谷創業家萊斯（Eric Ries）的術語來講，目標是快速得出「最小可行產品」（minimum viable product, MVP），先以概念驗證的方式，證明能處理客戶的特定待辦事項。

呂爾先請兩個人在柏林設立小型辦事處，目的是貼近柏林的新創公司世界，替接下來的人才招募做準備。新事業群的名稱是「i. 克洛克納」（Klöckner.i），與母公司的活動區分開來。

雇用新人

數位轉型需要的技能組合，不同於公司核心事業的員工。克洛克納在建立團隊時，一開始便刻意招募來自各種不同背景的新人。這次不雇用鋼鐵業的人，改找 Amazon、eBay，以及其他柏林辦事處一帶的線上新創公司會雇用的人才。

分開新單位與事業本體的科技平台

有一則老笑話是有人挑戰公司的 IT 部門：「上帝七天就

造好世界。」IT 部門回答：「是沒錯，但上帝不需要處理舊系統！」原有的 IT 部門直覺就想強迫創新者使用原本的技術堆疊與控制。問題是那將整個拖慢速度。即便新人的任務是完成截然不同的事，依舊迫使他們遵照老一派的傳統做法，以幾乎完全相同的方式做事。克洛克納看出有必要讓新的數位團隊獨立出來，允許他們建立自己的技術平台。

數位工作的第一階段是建立或多或少獨立的工具，以客戶為本，處理現有制度無法處理的特定痛點。克洛克納第二階段的規劃，讓公司的客戶接觸數位工具，自行選擇是否要連至數位平台。克洛克納設想的第三階段是將自家平台開放給競爭者，盡量帶給客戶整合的平台交易體驗。

打造與核心事業的連結者

許多想做平台的公司會立刻碰上一個問題，而呂爾知道克洛克納這間企業有答案。簡單來講，平台要能獲利的話，就必須媒合潛在的買家與賣家，但這通常是最大的蛋生雞、雞生蛋的問題。平台會失敗或流產的原因，主要在於未能讓買賣雙方足夠有興趣。

舉例來說，奇異公司曾經嘗試替製造事業，打造類似的數位平台，但奇異過分重視自家事業單位的需求，導致外部的業者興趣不大，效果因此不太理想，不得不重新來過。如

果是克洛克納的話，呂爾知道從公司在價值鏈的位置來看，有辦法讓自家平台同時有買家與賣家。

既有事業的領導者通常沒弄懂一件事：成立做大事的新單位很容易，但新單位和母公司之間，要是缺乏強力的連結，沒能回頭改造母公司的機制，即便有新單位，用處也不會太大。新事業必須有辦法與母公司連結，才可能帶來企業再生，但領導者通常缺乏這部分的通盤考量。

呂爾尤其明白這點。他在 2015 年的簡報上提到：「我們必須說服自家的銷售人員這是我們的未來。」不過，呂爾也知道這八成會是困難的任務，因為新工具與新做法，將顛覆銷售人員多年來的工作方式。呂爾為了說服銷售人員，投資「數位體驗」計畫，讓克洛克納這間傳統公司的分店銷售人員，在數位部門「i. 克洛克納」工作 3 到 4 個月。

呂爾令我特別感興趣的地方，在於他尊重與敏銳地意識到既有企業裡的人士大概會碰上的事。舉一個小例子就好，呂爾在 2018 年 11 月向我談到，他在轉型的初期階段，穿衣服很小心，刻意維持以前的風格，以保守的西裝和領帶出現在眾人眼前。這看似是小事，但其實是呂爾在暗示他沒為了追求時髦的新型數位系統，拋棄核心事業。他堅信為了大家好，新舊要攜手合作。

此外，克洛克納利用協作工具 Yammer，進行呂爾所說的「無組織級別之分的平等溝通」。呂爾因此得以和全公司

的所有人溝通，包括以前一般不會有交集的人員。所有人都有權提問或提出看法，開啟討論。這種事對傳統企業來講，相當驚世駭俗。

另一項創新是克洛克納舉辦「搞砸之夜」（Fuck-up night，沒騙你，真的叫這個名字）。他們邀請創業失敗的人士談沒成功的原因。這個計畫後來又擴大為成員可以聊哪些地方出錯、從中學到什麼。這種聚會相當寶貴的地方，在於恐懼通常會成為創新的阻礙，而社群的支持能讓人不再那麼害怕。

此外，克洛克納大力投資傳統事業員工的數位訓練，鼓勵員工用上班時間抓住這個機會。

建立起新事業與原本的核心事業之間的橋樑，有一項附帶的好處：新計畫逐漸改變核心事業的文化。「我們透過與許多員工深入溝通，把他們帶到數位的年代。」呂爾在 2017 年表示：「他們因此能了解我們的數位策略，也知道如何帶來貢獻，讓數位化成真。此外，員工愈來愈能採取新創公司的敏捷工作法，不像以前那麼執著於細枝末節，整個組織因此整體而言動作更快、更敏捷。」

克洛克納經過四年的數位化之旅後，數位事業帶來 17% 的營收，公司得以由虧轉盈，再次成長，目標是 2022 年時，近六成的營收來自數位管道。

轉折點挑戰經營事業的假設

本節接下來要談，為什麼對一度成功的既存者來講，轉折點將大幅破壞他們的管理實務。前文將轉折點定義為出現了某件事，從基本上改變既有組織的競技場限制。第 3 章把相關限制分為幾大類：

1. 有可能改變眾人競爭的資源庫。
2. 有可能改變搶奪資源庫的成員。
3. 有可能改變競爭的情境。
4. 有可能導致行為者的考慮清單上，有的用途排擠掉其他用途，或是用於滿足那項用途的資源減少。
5. 有可能大幅改變消費體驗。
6. 有可能導致某些屬性變得更加受到重視、更不受重視。
7. 有可能改變價值鏈中哪種能力才重要。
8. 有可能改變競技場中的每一個元素。

當現存者學著最佳化，以求在競技場上競爭，競技場中的所有元素將在一段時間後，交織成組織的運作方式。成員心中競技場裡的因果關係，將影響組織的評量與報告架構、獎勵制度、溝通模式、資訊網、品牌與假設等等。

競技場上的因果關係，從根本上左右著組織成員將留意

哪些事，形塑著成員認為哪些是該做的「正確」的事。因果關係將影響成員預期哪些事會帶來獎勵、團隊成員之間的關係是如何定義，以及誰能夠成功。簡而言之，質疑你在轉折點出現前的體制中學到的事，無異於異端邪說。

轉折點改變組織運作的場域的關鍵限制時，從前那些被小心打造出來、好讓公司能順利運轉的關係制度，也需要跟著變，而這對組織現實來講是龐大的挑戰。**問題出在該如何讓組織內部出現轉折，以配合外部出現的轉折。我把讓這件事成真的過程，稱為「管理事業本體」（managing the mothership）。**

那個過程有可能讓核心事業出現重大轉變，例如 Netflix 從販售 DVD 訂閱制，改成販售串流訂閱制。此外，通常還得一邊讓資源改用於支持下一代的核心事業，一邊縮減先前的重要事業規模，例如蘋果從桌上型裝置，走向平板電腦與行動裝置。很多時候還得找到全新的成長動力，例如 Netflix 等公司製作原創內容。安東尼（Scott Anthony）、吉伯特（Clark Gilbert）與強生（Mark Johnson）合著的《雙軌轉型》（*Dual Transformation*），談到一邊建立未來事業、一邊轉換核心事業的挑戰，提供豐富的實用工具與觀點。

如同克洛克納的例子，迫在眉睫或實際發生的失敗，有可能讓原本不願意改變的組織為了救亡圖存，改弦易轍。舉例來說，沃爾瑪為了在電子商務站穩腳步，整整跌跌撞撞十

年。儘管投入數百萬美元，高層也不斷呼籲，這間老牌企業依舊不願意接受讓部分的銷售，改成來自電子商務。一直要到新任的執行長判斷，沃爾瑪大概只剩最後一次機會做對，才終於找出可行的電子商務模式。

沃爾瑪為了建立電子商務，不得不做出幾項引發大量爭議的決定，先是在 2016 年以 33 億美元買下 Jet.com。這間初出茅廬的新創公司，沒有太多證據能證明自己的商業模式可行。第二項決定是將沃爾瑪所有推動數位化的努力，全權交給 Jet.com 的執行長洛爾（Marc Lore）。第三個決定是提供電子商務必要的資源，收購男性服飾商 Bonobos 等服務高階客層的公司——那些一輩子不曾到沃爾瑪商店撿便宜的客人。沃爾瑪的電商計畫今日正在起飛，公司在公開市場的評價，比較接近成長中的企業，不僅是營運實體而已。

培養創新精練度（innovation proficiency）能協助你的公司克服阻力，避免在轉折點過後被時代拋棄的命運。

培養創新精練度：從情境的角度看克洛克納

克洛克納試著藉由創新帶動成長時，面臨著重重的組織障礙。這些年來，我合作過的無數公司也遇到同樣的問題。就在上星期，我在某大型跨國公司主持研討會，與會人士是

一群資深的高階主管，我請他們列出組織裡有哪些事妨礙了創新，大家的答案包括：

- 缺乏激勵制度。
- 現有的事業太強大。
- 管理階層希望近期就見到成效。
- 每個部門各自為政。
- 不注重客戶的需求。
- 害怕失敗。
- 這件事「不歸任何人管」。
- 相較於「事業本體」，創新事業很小。
- 對我們來說，創新茁壯成長的速度不夠快。
- 我們專注於每季的營收。
- 我們害怕侵蝕目前成功的事業。
- 我們不容忍無法預測的結果。
- 沒有職涯上的誘因，讓人們願意投入創新／成長計畫。

我問與會者：「這些所有的創新障礙，共通點是什麼？」大家試著拋出幾個答案後恍然大悟。**每一項障礙都是內部帶來的限制**，全都在保護既有事業的運作，不讓既有事業被破壞。講得更明確一點，那些限制的作用是阻擋創新帶來的顛覆。然而，如果我們集體清楚意識到必須處理哪些限制，就

能加以移除，畢竟上帝並沒有下凡宣布：「世上要有派系！」

　　如同克洛克納的例子，即便現有的商業模式顯然愈來愈行不通，公司前景不妙，老一輩依舊對改變沒有太大的興趣。即便重新打造公司是唯一能前進的道路，公司即將錯過轉折點的訊號震天價響，大聲到有如警鈴，組織依舊充滿著「抗體」。當總部裡是同一群人，這股抗拒的力量將是最初嘗試新事物會失敗的原因。克服創新的挑戰，其實是在克服死命阻擋創新的這群人。要到組織開始招募新血，雇用新員工，擁有新的技能組合，在新地點上班，才會出現新的可能性。

　　克洛克納的案例研究，可以說明組織最重要的旅程：爬上我所說的「創新精練階梯」（innovation proficiency scale）。

　　創新精練度是我與幾位同仁開發的指標，協助判斷出現轉折點時，組織追求轉折點或回應時有多能創新——換句話說，也就是**組織能改變的程度**。前文談過光是看見轉折點，呼籲組織動起來還不夠。組織必須有辦法改變。別忘了轉折點很難處理的原因，在於轉折點會改變原本理所當然的事業假設。以前能順利帶來績效的指標與運作方式不再管用。隨著轉折橫掃而過，組織的指標與運作方式需要跟著變，一般是透過某種創新的流程。

　　我的創新精練階梯分為 8 階，每一階對應組織有多能持續創新，不會時有時無、斷斷續續，一旦少了關鍵支持者或

高層不感興趣便中斷。

創新精練階梯

第 1 階：極度偏向應用能力

位於第 1 階的組織理所當然認為，現況是正確的做事方法，甚至是唯一的辦法，非常重視維持與應用現有的優勢。這樣的公司通常享有長期的成功，而且通常處於非常穩定的市場。此外，它們的資產強度也高，競爭週期長，創新因此顯得風險高、缺乏吸引力。身處高度管制市場的公司、眾多 NGO、政府機關與其他官僚機構，一般處於這種狀況——但不會永遠是這樣。

第 2 階：創新劇院

此一階段代表最初期的努力，想把創新思維引進保守的組織。此時通常會有人希望改善與革新孤立的狀態，但缺乏組織普遍的支持。這個階段或許會辦幾場初期的工作坊、訓練營或造訪矽谷，但沒持久進行下去。這個階段的徵兆是熱烈討論創新，也採取了一些行動，但事情很快就恢復原狀，一如既往。

第 3 階：局部的創新

這一階有更多持久的創新活動，但一般是組織各處的間歇性努力，很少會是整個組織一起有紀律地創新。公司裡有一兩群人開始推動局部的創新。這個階段的創新一般要看關鍵的主事者，通常是一陣一陣的。此外，這種努力很脆弱，一旦碰上關鍵主管換人、一次的挫敗或核心事業出現挑戰，便會無疾而終。

第 4 階：視情況創新

始於第 3 階的創新如果出現一些初步的成效，高階領導者會開始意識到培養創新力的重要性。創新做法依舊不是公司的核心議程，但如果剛好有機會，創新會被用於找出成長的點子。創新的流程獲得更多關注，也得到一些資源，有時甚至是跨事業單位的資源。然而，組織的優先要務依舊是「平日的工作」。

第 5 階：新興的精練度

在這一階，持久的高層支持同時包括投入時間與金錢。開始出現運用創新指標的跡象（即便不一定會定期追蹤）。

此外，出現一些早期的創新治理，有專門用於創新、獨立於日常業務的資金與流程。

第 6 階：逐漸成熟的精練度

多名高階主管開始大力投入心血與資源，由可重複、可擴大規模的最佳實務引導團隊的活動。創新成為高階主管的報酬與升遷討論的重要標準。公司的管理高層監督創新指標，利用工具的程度增加，跨組織穀倉的連結也增加，甚至延伸至外部的點子來源。事情開始萌芽。

第 7 階：策略性創新

在這個階段，執行長與高階主管團隊公開表示，創新已經整合進公司的核心定義使命。產品開發生命週期的每一步，全都受益於創新的做法。在治理、評量、資金與文化實踐等各方面，相關努力獲得強力支持。達到關鍵多數的員工意識到自身在支持創新流程中扮演的角色，感到被授權創新。

第 8 階：掌握創新

公司裡的各階層都致力於創新，出現各種斬獲，有一群創新尖兵。組織成為他人的模範，經常被譽為執行「最佳實務」的公司。上市公司股東獎勵潛在的成長，讓創新的做法制度化。

因應轉折點，不斷更上一層樓

雖然以我個人的經驗來講，每間組織處理創新挑戰的方法略有不同，要在創新精練階梯更上一層樓的話，需要有一套因素模式（pattern of factors）才行。如同其他形式的組織成熟度，組織很少會從第 1 階，一下子跳到第 6 階或第 7 階，通常需要一段時間循序漸進，不過當然資源愈多、迫切的程度愈高，推動轉變的速度也就愈快。

本節提到的每一種做法，任何階段都能應用，不過接下來按照通常會在哪個階段出現，大致分階段來介紹。

我會建議先從創新法的培訓起步，先讓大家熟悉相關的概念，至少要開讀書會，讓組織各處的人員向思想家學習，例如：卜蘭克、多夫（Bob Dorf）、奧斯瓦爾德（Alexander Osterwalder）、比紐赫（Yves Pigneur）、麥克米蘭（Ian

MacMillan）、布洛克（Zenas Block）、克里斯汀生、Innosight 顧問、艾華雷茲（Cindy Alvarez）、卡爾森（Curtis Carlson），還有我。讀書會是建立簡單實務社群的好機會，或許能安排「學習午餐會」或類似的活動，和組織各階的人齊聚一堂，不待在各自的組織穀倉裡。

第 1 階挑戰：讓人對創新感興趣

處於第 1 階的組織，要不就是真的缺乏創新的需求（相對少），更常見的情形則是轉折點即將讓組織的營運環境，出現翻天覆地的變化，但組織否認有這件事。在第 1 階的組織，支持創新的挑戰，將是讓大家意識到加強創新能力的確有價值，真的很重要。

這個階段的重點大概會是分析與判斷狀況，因為此時的關鍵是讓夠多的決策者，得出不能維持現況的結論。當你發現目前所做的各種努力，無法讓策略成真，對此我稱之為「成長差距分析」（growth gap analysis），你會想採取行動。此外，投資人對你們的未來感到多興奮，也將刺激組織採取行動，而計算你們的「想像溢價」（Imagination Premium），就能知道投資人認為你們有多會洞燭機先。

「想像溢價」這項指標是在計算上市公司的價值，有多少來自營運帶來的現金流（今日的事業）vs. 期待未來的成

長（明日的事業）。計算方式是先找出你的公司的 Beta 值，也就是公司股價相對於市場的波動程度。波動程度愈高，Beta 值也愈高。按照資本資產定價模型（Capital asset pricing model）來看，波動性高的股票風險高，資本成本理論上也更高。你得出資本成本的預估後，拿去比較組織的營運現金流，就能有效算出有多少市值來自營運。如果市值高過那個值，我們稱為成長價值（value of growth）。用營運價值（既有事業占的市值百分比）去除成長價值，就是想像溢價。想像溢價低，代表投資人不認為轉折點對你們有利。

以水牛城狂野雞翅（Buffalo Wild Wings）這間食物連鎖店為例，公司招牌在 2017 年生鏽。想像溢價僅 0.66，也就是說投資人不僅不認為公司會成長，甚至預期會萎縮！不過，接下來發生的事，如同想像溢價低的公司一般會發生的事：行動主義投資人撲向這間公司，要求董事席位，趕走執行長，最終讓公司投入購併者的懷抱。從這個角度來看，想像溢價低有可能帶來行動的動機。

另一種常見的分析是依據不確定的程度分析各種機會，也就是「機會組合分析」（opportunity portfolio analysis）。其中與洞燭機先最相關的，將是確定性遠低於核心事業的各種選項，例如：微軟軟體「車庫」裡的應用程式（詳見第 6 章）。

此外，我們也會以「情境分析」（context analysis）思考

公司所在的競技場。如同克洛克納公司的呂爾，我們會問對相關人士而言，現存的競技場有多能解決滿足用途的需求。此外，如果和呂爾碰上的狀況一樣，答案是「不太能」，其他公司要是也進入競技場將有利可圖，那麼情境分析的警鈴響了。你將得反覆告誡自己：「不顛覆，就等著被顛覆。」

不論組織目前位於創新精練階梯的哪一階，剛才提到的幾種分析，其實都能派上用場，不過如果公司先前對創新著墨不多，分析結果會讓人感到確實有必要排進議程。

第 2 階挑戰：開始行動，做好準備

組織會從第 1 階進展到第 2 階，通常是因為發生了實際的危機，或是設想將出現危機。以克洛克納的例子來講，公司碰上的危機除了業績連年不佳，迫在眉睫的危機包括新型的數位平台，將殺得既有廠商措手不及。惠而浦（Whirlpool）的例子是執行長惠特萬（David Whitwam）在2000 年看著公司的競爭場域，感到大事不妙，只見「一片白海」──一排排的商品化家電，全都長得一模一樣，幾乎毫無辨識度，消費者興趣缺缺。

公司進入第 2 階的時候，即便只是宣示意味大過實際行動的「創新劇院」，依舊有好處，畢竟創新總得始於某個地方。如果公司開始派高層參觀矽谷，請顧問舉辦訓練營，舉

辦點子日等活動，同仁開始對創新感到興奮，願意一起參加，也未嘗不可。

以克洛克納的例子來講，他們起初試著讓既有事業的人員提出創新的點子，結果沒成功，但就是因為不成功，決策者才另闢蹊徑，以小規模的方式在德國的新創公司大本營柏林，成立全新的營運地點。

第 1 章也介紹過，Adobe 的 Kickbox 計畫是妙招。不需要建立繁複的公司流程，就讓一大群同仁參與創新。

第 3 階挑戰：局部的概念驗證

第 3 階是陷阱階段。此時人們已經認為創新很重要，也接觸到夠多的創新概念，知道該怎麼做。公司有可能宣布大膽的目標，準備「搶占」某個競技場。問題在於公司此時的創新精練度還不足，一下子跳下去做，通常會導致代價高昂的失敗。例子包括露華濃（Revlon）進軍熟齡市場的 Vital Radiance 系列化妝品；Quirky 生產平台，它理論上提供替人們打造產品的開放式平台，但失敗了；以及 Google 進軍無線電廣播失利。

此類滑鐵盧的例子有幾個典型的模式，包括未經測試的假設被當成事實、不太有機會進行低成本的測試與學習、領導者親自插手計畫的每一個細節、大手筆的前期投資，以及

「管他的，反正就做吧」的營運模式。避免落入這種下場的方法，就是對於自己有多懂（或不懂）該如何創新，試著拿出謙遜的態度。找出適合拿到適量資源的幾個人、幾個計畫，先開發一下概念驗證。

此外，許多組織在這個階段授權進行「臭鼬工廠任務」（skunk works），意思是在資深高層提供的空中掩護下，執行通常是祕密進行的小型計畫，嘗試一些很棒的新事物，不需要管大型組織會有的麻煩事。依據《通用航空新聞》（General Aviation News）2005 年的報導，這個概念源自洛克希德馬丁（Lockheed Martin）在二戰期間開發新型飛機的「臭鼬工廠計畫」（Skunk Works）。計畫的基地帳篷附近，有一間散發著恐怖臭味的塑膠工廠。團隊人員某次接電話的時候，借用連環漫畫《小亞比拿奇遇記》（Li'l Abner）的情節，不耐煩地說自己是「臭死人工廠」（Skonk Works）。大家覺得有趣跟著用，後來又變成「臭鼬工廠」（Skunk Works）。

臭鼬工廠任務、或不論你的組織如何稱呼這種任務，可以帶來很好的結果。（誰忘得掉作家吉德〔Tracy Kidder〕的《新機器的靈魂》（The Soul of a New Machine）提到的新型電腦？）然而，太常發生的事是，未經母公司批准或支持的計畫，通常沒有美好結局——等計畫大到過於顯眼，不是在政治鬥爭中被砍掉，要不就是自生自滅，拿不到完成目標所

需的資源。卜蘭克指出光是存在臭鼬工廠任務，就代表組織尚未掌握持續創新的竅門。

第 4 階挑戰：抓住時機，做出成效

組織在第 3 階展開一些計畫後，培養出第 4 階的能力，足夠了解如何一路發展點子，直到有可能擴大規模與推出。創意發想當然很重要，但第一版的點子很少會是最終進入市場的點子。想出點子後需要孵化，也就是做出原型、測試、給顧客看、重新測試、驗證，接著前進。卜蘭克稱之為「顧客探索」流程。

孵化過後是加速。我刻意選用加速的意象，原因是你可以把主要事業想成好幾輛車以最高速度，奔馳在八線道的公路上。你即將推出的新事業需要加大馬力，有辦法一起競速，不會被撞翻。對創新團隊來講，那通常是出乎意料的痛苦過程。

「技術債」（technical debt）與「組織債」（organizational debt）是必須處理的兩個問題。技術債是指有必要讓目前「還過得去」的程式，有辦法達到生產規模。組織債也是類似的問題。急著推出新事業時，人事部分八成會出現各種便宜行事：**先別管正式的工作頭銜、薪資級別或績效評估——先打造出優秀的產品！** 那種心態在早期階段可以過關，

但如今你需要的人才想要有真正的頭銜，有一條職涯道路。你的事業先前八成很省事，沒有太多輔助職能的干擾，但如今必須好好和法務、人資、法規遵循與財務長辦公室打交道，連結預算週期等企業的節奏。第 4 階的組織，通常才在開始了解這方面的事，依舊還在孤立的狀態下設計加速計畫。

第 5 階（新興）與第 6 階（成熟）挑戰：系統、架構、例行任務

從早期階段進入這兩個階段時，最大的轉變是組織各處如今特別挪出創新活動的預算，不再仰賴事業週期或高層的好惡，而是固定進行的項目，近似於其他的關鍵組織流程。

第 5 階和第 6 階會出現愈來愈多可重複的固定做法，源源不絕產生創新。有一套明確的創新制度，組織裡的多數成員有辦法加以討論。由治理機制來下決定，包括應該支持哪些創新，哪些則該改變方向或終止。專款專用，有專門用在創新的資源，不用於支持既有的事業。此外，創新做法獲得評估，缺乏進展時需要處理。

大部分員工已經接受過某種創新主題的訓練，充分瞭解提出點子的機制。大部分人都知道判斷是否適合繼續推動創新的標準，以更流暢與更快的速度重新分配不同計畫的資

源。此外，這兩個階段已經移除妨礙事業單位領袖熱情擁抱創新的障礙，例如：必須替無從預知的結果扛責任。

此外，這兩個階段也已經開始重新配置人才。最優秀的人員將注意力與精力，投入有可能成長的計畫，而不是替今日既有的事業解決問題。此外，組織架構的彈性增加，創新進入架構中最可能支持它們成功的地方。組織特別留意創新團隊的流程、技能與背景能夠多元。

第 7 階挑戰：制度化

第 7 階的創新與組織的品牌息息相關，高層把鼓勵創新視為關鍵目標。高階主管被期待支持創新，創新成為主管報酬的關鍵元素。員工知道如何取得進行實驗與測試點子的小型資源，也知道點子似乎有前景時該怎麼做。科技被用於輔助人際溝通，加速決策過程。

公司開始在內外通訊中談及創新的故事，建立支持此一努力的科技平台（創新的作業系統），持續進行核心改造，提供新資源。

這個階段的組織應該已經有產出創新的管道、紮實的治理與資金流程；員工受過訓練，了解相關流程；顧客開心公司提供的服務！

第 8 階挑戰：持續更新

組織掌握高階的創新後，依舊可能故態復萌。這個階段的重大挑戰是保住可行的元素，對抗把組織再次拉下創新精練階梯的阻力。我曾經花數百小時（我的客戶花的時間更是多），協助打造美好的創新制度，結果主事者換人後就「人亡政息」。通常在幾年後，新聞會提到那間組織由盛轉衰，標題是「X 到底發生了什麼事？」

領導者非常容易受到引誘，又回到最看重既有事業帶來的近期利益，尤其是如果他們先前並未參與創新的過程。公開市場目前的架構，大力獎勵這樣的領袖。研究顯示，由於股票回購成為獎勵高階主管與投資人的工具（有的公司讓高階主管的報酬來自股價上揚，而股票回購會推升股價），股票回購因此會破壞組織的創新流程機制。很不幸，流進股票回購的資源將無法用在投資未來（或是投資人才、投資其他資產）。第 8 階組織的挑戰，將是挑選重視長期最佳利益的領袖，好讓組織能一直留在第 8 階。

逐步培養創新精練度

如同克洛克納的例子，組織會很想一下子從創新精練階

梯的低階跳到高階，但幾乎永遠都無功而返。培養創新精練
度是一種組織學習，而學習與精通並非一蹴可幾的事。別忘
了，克洛克納花了好多年才走過各個階段。

呂爾在 2009 年接掌克洛克納時，我猜整個鋼鐵業大概
處於階段 1，步調緩慢、保守、傳統。2008 年的金融風暴帶
來重創，再加上中國的鋼鐵業積極全球化，呂爾和董事會因
此感到目前的商業模式不可行，他們知道洞燭機先的時刻到
了。

呂爾注意到數位科技帶來的轉折點，進入第 2 階的活動
──他在最初的努力失敗後，建立獨立自主的小組，新成員
有著不同的技能與假設。隨著克洛克納走過我所說的階段 3
與階段 4，事情不再只發生公司的柏林數位前哨站，「事業
本體」也動起來，努力「水平化」，擴大溝通範圍，沒有上
下之分。克洛克納開始提供訓練，建立流程。即便不是創新
的核心人士，同樣享受到創新讓公司動起來的好處。

克洛克納持續推動數位化的努力，有望循序漸進，登上
更高階的創新精練階梯。數位提供了重大的公司轉型動力，
克洛克納受益於轉折帶來的成長，得以重新站穩腳步。

重點回顧

組織走過轉折點的時候，通常得一次處理兩個重大挑戰——既要讓核心事業以具備競爭能力的方式前進，也得培養未來需要的新能力。

數位帶來的商業模式通常是協作，有必要重新思考組織界限在哪裡。現任者不能仰賴傳統的進入障礙。

當既有的解決方案不太能回應顧客的「用途」，新進者有機會站穩腳步。

關鍵是意識到既有事業與新事業都能帶來貢獻，據此設計公司的激勵方案。

光是採取簡單的技巧，便能協助拆掉組織的階層障礙，例如：使用打破階層的通訊系統、提供開放給所有人參加的訓練，以及學習新技能的機會。

組織要能爬上創新精練階梯的話，全公司的做法與流程通常也得跟著大幅改造。創新將挑戰根深蒂固的假設，影響原本的激勵方案與組織制度，也因此需要高層大力支持，全力推動。

第 8 章
自我成長型領導

只要事情順利，人們會願意忍受糟糕透頂的無能領導。然而，一旦不免發生危機，基層的觀點會變，他們要見到領導者拿出能力，壓力一下子暴增。

——退休准將柯帝茲（Thomas Kolditz）

我從小到大沒想過要念女子大學，我被「七姊妹學院」（Seven Sisters）的巴納德學院（Barnard College）錄取後，花很多力氣說服自己大學念這裡很好，可以在紐約讀書，學校又隸屬於哥倫比亞大學，教學實力強，學生風氣好，真的值得過四年有如待在女子修道院的日子。

當然，年輕的我太傻了，居然不知道那是多好的機會。巴納德學院改變了我的一生。後來我女兒要上大學時，也選了巴納德，我再自豪不過。不過，雖然我很願意和各位詳談女子大學的優缺點、女性教育，以及相關的人文教育議題，那不是本章的重點。

本章要探討的是當組織經常容易碰上引發動盪的轉折點，此時該考慮的領導模式。話題因此再度回到巴納德學院（勉強算），我今日在巴納德的姐妹校（還是該稱為兄弟校？）哥倫比亞商學院教書，通常是教高階管理教育的課程。

回應女性領導課程的需求

兩年前，哥倫比亞商學院的課程發展團隊來找我。那是一支很小但充滿熱情的隊伍，他們似乎已經與巴納德「雅典娜領導研究中心」（Athena Center for Leadership Studies）的

團隊，見面不少次的面。

　　史帕（Debora Spar）原本在哈佛商學院任教，後來擔任巴納德學院的校長。她大力支持成立雅典娜中心，期盼巴納德在原本就著名的人文教育課程之外，增加培養領導力的園地。中心人員將運用自身的女性領導知識，開發引導組織協助女性晉升的專門課程。巴納德學院因為長期專注女性教育，聲名遠播，數間企業受到吸引，雅典娜中心與他們合作，提供小而美的服務。

　　課程開發團隊認為，把相關計畫拓展成公開課程，讓所有類型的組織成員都能參加，將是很好的機會。他們希望建立出可行的模式，由哥大高階管理教育的團隊負責後勤、共同行銷與推廣，巴納德的人員則提供科目專業知識與卓越的學校品牌，或許還出借巴納德令人讚嘆的場地。一排排「無所畏懼的領袖」油畫上，堅毅果敢的歷史人物全是女性！

　　然而，我不看好這個點子，感到整體而言有點行不通：他們需要高階管理教育這邊出人，擔任共同課程的主任。那個人將是課程的門面，負責篩選教師，指導整體的課程設計，替學員打造連貫的體驗，而且一般來講，這個人還得是某個主題要素的專家。即便我們有很多教職員研究過性別與女性議題，沒人感到撐得起這個重責大任，負責建立、推出與管理全新的課程，也因此團隊擔心計畫缺乏進展。

　　然而，後來某位團隊成員恰巧看到我的簡歷，賓果！他

發現我是巴納德的畢業生，還是相當忠誠的校友。團隊找我商量時，我提到女性進步與性別議題並非我的專長。此外，當時都已經是 2016 年，這個世界到底為什麼還需要這種課程？

　　學術界就是學術界，團隊接下來用大量的研究淹沒我。我看著一份又一份的研究指出，即便大部分的時候，組織也真心想公平對待女性，但有天賦的女性因為無數的原因，擠不進高階主管的窄門。我被說服了。真要老實講的話，我有點憤怒。

　　「好吧。」我說。「我們就來做吧。」新課程就此問世，名稱是「女性領導：拓展影響力與帶動改變」（Women in Leadership: Expanding Influence and Leading Change）。

　　好的開始是成功的一半，我們請來全明星陣容：全球出版社威科集團（Wolters Kluwer）的執行長麥肯斯特里（Nancy McKinstry）、熊熊工作室（Build-A-Bear Workshop）的執行長莎朗・普萊斯・約翰（Sharon Price John）、哥大商學院的院長哈伯德（Glenn Hubbard），以及巴納德的校長史帕，共同展開這個課程，學員本身也是最優秀的。當然，後來「me too」運動爆發後，我才發現自己有多天真，居然以為這個年代不再需要特別為女性開設課程。

什麼是女性專屬的領導方式？

以本章要探討的主題而言，重點在於我在課程中扮演的角色，帶來了豁然開朗的時刻——至少對我而言是這樣。我們邀請海格森（Sally Helgesen）到班上演講，她當時剛和全球知名的主管教練葛史密斯（Marshall Goldsmith），一起出版《女性如何出頭》（*How Women Rise*）一書。海格森在演講時提到一件事，雖然她大概只是隨口提到，我開始深入思考。海格森 1990 年出版的著作，試著替女性的領導者，做到明茲伯格（Henry Mintzberg）在 1970 年代替男性領導者做到的事：找出領導者在一天之中實際上做些什麼。

海格森告訴班上的學員：「我找出我研究的女性領導者具備哪些特質，日後發現那些特質居然和今日的潮流不謀而合：在所有步調快速、不確定性上升的環境中，領導者必須具備的基本特質，和那些女性領導者是一樣的。」海格森的話讓我開始思考，我們帶領組織的方式出現重大轉變時，那些女性是否首當其衝——或許她們因為融不進舊模式，被迫想出新模式？

海格森找出的模式的大致輪廓，在當年讓人驚訝，今日則沒那麼令人意外。海格森研究的女性「重視各種任務的過程，不只看結果」。此外，她們打造出「包容網」（webs of inclusion），而不是階級制度。資訊四處廣為流通，資深領

袖扮演的角色是連結與引導,而不是下令。領袖依舊保有決定權與權威,但他們讓最靠近狀況的人擁有很大的自主權。

這一切聽起來十分耳熟。

我看著今日的傑出企業領袖,不論男女,大家的模式是一樣的。傳奇人物穆拉利(Alan Mulally)曾經帶領波音和福特起死回生。他談到自己在高階主管團隊中扮演的是「促進者」(facilitator)的角色。麥克克里斯托(Stanley McChrystal)將軍帶領美軍對抗蓋達組織,他談建立「共享的意識」(shared consciousness),信任團隊成員。他不看年資,而是讓最接近問題的人做決定。安泰的執行長貝托里尼(Mark Bertolini)關心員工的生活。他因為訝異員工是在什麼樣的經濟情況下勞動,做出引發爭議的決定,提高安泰的最低薪資,改善公司提供的醫療福利。我替本書作研究時,其他數十個例子也一樣。新型的領導模式似乎正在成真,不只有女性領導者會那麼做。

這種領導風格和洞燭機先有什麼關聯?

我在本書反覆強調,如果要看見醞釀中的轉折點與採取行動,不能只靠坐在最大的豪華辦公室裡的那個人。貝佐斯說過,最大的挑戰通常不是看見即將來臨的轉折點,而是看

見背後的意涵，找出哪些做事方法被視為理所當然。你要決定組織該朝哪個方向走，帶領全體人員走過轉折點，最終脫胎換骨。此外，你必須替組織的長遠利益著想，即便轉型將在短期內帶來陣痛期。

換句話說，首先你必須從組織的角度，看見潛在的轉折點，接著以集體的方式決定該怎麼做。光是看見事情正在產生變化，不一定就清楚該如何因應。接下來，你將得動員組織，而這部分通常很困難，因為人們會習慣一般是如何做事。組織裡大部分的人不曾見過重大轉折點。絕大多數的人被獎勵循規蹈矩，做有利於目前的商業模式的事，你因此當然很難期待他們拋棄一切，踏上不確定性看來極高的旅程。

如果雪從邊緣融化，那麼關鍵絕對是前往邊緣聆聽訊息。若要偵測到事情正在改變的微弱訊號，將需要動用組織裡的更多眼睛、更多耳朵。得知該如何做決定的關鍵資訊，通常藏在個人的腦中，領袖必須有辦法取得那個資訊，讓每個人都獲得確切的消息。

你身為領導者，你要讓人們願意帶著相反的證據來找你——那種證據顯示你的假設有誤，挑戰習以為常的做事方式。你必須有動力、有誘因，到達顧客在的地方，拿出同理心，才有辦法真正接觸顧客，了解顧客的痛點，知道他們想完成的待辦事項。

資深團隊要在背後支持，才能以具備影響力的規模，提

供員工勇氣與**方法**，即便情況不明，也能快速了解狀況。如同納德拉讓微軟轉型的經驗，動員組織為共同的目標努力，再次是資深團隊的核心任務。核心事業與新事業要能攜手並進的前提，將是打從心底尊重這兩種事業帶來的東西。如同第7章克洛克納公司的例子，你要對人的心理夠敏銳，也要願意稍微打破常規。

讓我們更進一步來看：**究竟該做什麼，才能讓組織一起洞燭機先？**

讓我們先看一則了不起的領導故事。有一名創始執行長，讓一間僅勉強撐到首度上市的新創公司，後續又苦撐近17年後，最後在購併案中，一次收割驚人的果實。她的名字是古德曼（Gail Goodman）。

SaaS 如何邁向死亡

Constant Contact 這間電子郵件行銷公司，提供完美的轉折點故事。公司多年間一點一滴進步，最後終於成功。

古德曼在1999年加入新創公司「Roving 軟體」（Roving Software），那是帕克（Randy Parker）創辦的七人公司，工作地點是麻州布魯克萊恩鎮（Brookline）的閣樓房間。古德曼是這間新創公司實質上的執行長。公司當時的點子是打造

協助中小企業的軟體，但不曾真正打進市場。如同古德曼在
2013 年回顧：「我加入了一間還沒有產品、還沒有營收、還
沒有資金的公司。」

公司起初提供電子郵件行銷支援，協助小型企業與非營
利組織建立受眾。由於客層的緣故，每月大約收取 $ 30 的
費用，就已經是極限。古德曼日後回憶：「創投非常不看
好，認為這種生意根本做不下去。」當時是 1999 年，經常
性收入（recurring revenue）與「軟體即服務」（SaaS）尚未
被視為具備潛力的概念。古德曼坦承：「某種程度上，創投
講得有道理——要花很長的時間才能擴大規模，也因此會是
一條很漫長的 SaaS 死亡斜坡。」

Roving 軟體公司在 2000 年 10 月推出雲端運算解決方
案，客戶數緩慢增加，起初有 100 位客戶，後來進步到
1,000。公司當時認為，成長將以轉折點的形式出現，最終
在引爆點過後，一下子出現爆炸性的成長。

很不幸，Roving 軟體所期待的引爆點，最終是多次的
「海市蜃樓」。如同古德曼日後的形容，公司的早期階段比
較像飛輪，沒出現曲棍球桿型的成長：這個好像有希望，試
一試，那個好像有希望，試一試，就這樣週而復始好多年。

找到公司能獲勝的競技場

　　Roving 軟體在 2004 年更名為 Constant Contact，後來因為找出競技場的動態，終於抵達轉折點。如同古德曼日後所言：「我們在漏斗上方的管道、我們的漏斗對話，以及我們的終身商業價值」，這些事全部到位後，公司大力投資成長，最後出現好的轉折點——事業起飛了！古德曼在 2012 年喜氣洋洋地報告：「我們今年的營收將超過 2.5 億美元……而且是每次收 39 元的情況下。」

　　這樣的結果顯然不是碰巧發生。我好奇這間花了 17 年才走到這一天的公司，帶來什麼樣的領導心得。

領導是不斷促成上下一心

　　古德曼在加入 Constant Contact 前，她在其他公司有過感到困擾的任職經驗。古德曼在 2018 年 9 月告訴我：「我第一次當執行長值得留意的地方，在於我沒見過執行團隊彼此合作的角色模範。我不曾在所有人通力合作的執行團隊工作過。我有著不同的起步。我知道執行團隊互鬥有多浪費資源。大家有志一同時，你將能以更有效的方式運用資源。」

執行長的關鍵角色：讓高階主管齊心協力

　　領導的方式五花八門，但有一條顛撲不破的真理：領導者的注意力放在哪裡，組織的注意力通常也在那。古德曼表示：「你是領袖，你的時間花在哪，將是你做的最重要的投資決定。」

　　相較於想像中一般偏傳統的由上而下領導法，古德曼的方法有一個重要區別：她認為有一件事只有執行長能做。執行長要負責凝聚多元的成員，大家深知哪些事最重要，一起努力。如同古德曼所言：

　　　　你組成的領導團隊品質，將深深影響你的公司會多成功。不過我想強調不只是個人很重要，大家有多團結也很重要。我們 Constant Contact 把不可思議的大量時間，用在打造優秀團隊，包括最高的執行團隊、第二階的團隊、再下一階的團隊。為什麼？因為我進 Constant Contact 之前，有好幾次的經驗是高階主管未能齊心協力，彼此互鬥，對組織造成很糟糕的影響，一團亂，浪費資源……我們全都懂那種故事，如果你讓那種事發生，將出現極端的資源浪費……此外，你會發現只要團隊上下一心，清楚優先順序，再困難的事也能迎刃而解。

　　古德曼在 2013 年的演講談到，她的團隊如何每年舉辦兩次兩天期的移地訓練，外加一次一整天的外地訓練，趁機「讓大家團結起來」。**首先要讓大家擁抱共同的策略。**古德曼表示，策略的定義很簡單，就是找出「我們服務誰、我們解決哪些問題、我們獨特的競爭優勢是什麼」。聽起來直截了當，但古德曼談到，當不是所有的團隊成員都清楚整體的目標，將發生哪些問題。如果公司的策略方向不是絕對清楚，將浪費力氣打造很多不必要的東西，許多員工會搞不清楚「WHY」。

　　再來要統一古德曼所說的「**文化的事**」，包括使命、願景與價值觀。古德曼本人有辦法背誦 Constant Contact 的這些事項，也讓團隊裡的每一個人如數家珍。

　　再過來是**統一關鍵的優先事項**。古德曼的公司討論的關鍵主題，包括釐清哪些事對事業來講真的重要，以及先後的順序是什麼。套用藍奇歐尼（Patrick Lencioni）在《對手偷不走的優勢》（*The Advantage*）一書中的講法，這一類的事叫「戰吼」（rallying cries）。古德曼解釋：「我們帶著戰吼與優先順序，結束移地會議。」她補充說明：「完全做對兩、三件事，將永遠勝過做八件考慮不周的事。」古德曼指出，執行團隊需要維持做決策的紀律——你將需要耗費一段時間，才能讓大家一起同意正確的決定。

從指揮控制式的領導，走向回饋式領導

我感到古德曼的領導方式，還有一點不同與傳統的指揮控制模式：她強調意見回饋深深影響她的做法。換句話說，她知道「以意見為鏡，可以明得失。」古德曼在 2013 年表示，你必須願意直視自己的問題。

古德曼談到她剛進 Constant Contact，就透過管道，請人讓她了解同仁的看法。她起先十分訝異地得知，自己做了多少別人眼中沒有太大助益的事。

古德曼講了一則精彩的軼事，點出大家都一樣，很容易把自身的缺點當優點（我們自認是優點）。古德曼提到她容易不耐煩，「而這點深深傷害到我的團隊。我發明了一個動作，那是我在向台上報告的人打小小的暗號——就像這樣〔古德曼用手畫圈圈〕。你明白這個動作的意思：『這我知道，這我知道，講快一點。』然而，我幫自己找理由——這個動作是在讓同事知道，我在認真聽〔聽眾大笑〕。」

「大家一聽我講就知道，被比那種手勢很不舒服。首先，這會妨礙討論。第二，這是在向報告的人發送很不尊重的訊號……但我後續才了解真正的後果。我發現人們不再向我介紹優秀的新人，因為他們不想打擊新人的士氣，那些我非常想要見到與培養的員工。他們是公司的未來，而我沒跟公司的未來見面，所以我必須改變。」

古德曼取得回饋的新做法是加入同儕導師團體，成員是 Constant Contact 以外的人（也因此不歸她管理）。成員定期提供彼此回饋，例如詢問：「你上一季把時間花在哪？這一季又希望把時間用在哪？」

古德曼在 Constant Contact 的管理團隊花很大的力氣，請全體團隊在個人表現、團隊表現、團隊成員彼此的相處等各方面，提供重要的回饋。古德曼表示：「我必須願意隨時看著自己，看自己擔任執行長、擔任領袖的樣子，發現我把團隊搞砸了。」古德曼提到萬一團隊表現不好，你身為執行長，「這是你的問題！你要負責，因為你沒打造出環境，要求團隊解決衝突。也可能是你不懂得聆聽，或是有團隊成員不懂得聆聽，而你沒有指出那樣不行。你的關鍵責任是確保團隊是團隊。沒有執行長手冊會告訴你那種事，但那確實是執行長要做的事，而且需要花時間才能做到。」

除了回饋迴圈（feedback loop），古德曼還強調策略需要大量的溝通。溝通、溝通、溝通——使命、願景、價值觀、優先順序、戰吼、關鍵主題。溝通必須一路往下，不僅是單向的，要是雙向的。人們必須接觸到材料與內容，才有辦法內化。如同古德曼所言：「人們不會坐在全員大會裡，然後就了解策略。」

古德曼指出回饋是禮物，然而回饋是領袖很願意給、但不願意收的禮物。你愈資深，你得到的回饋就愈是經過過

濾，你因此愈是需要建立領導流程，好讓下情能夠上達。

持續關注外部資訊與領先指標

　　如同本書提到的其他優秀領導者，古德曼讓 Constant Contact 的團隊持續關注領先指標與外部資訊。由於 Constant Contact 的策略是吸引大量的小型企業與留住客戶，公司的關鍵領先指標是管理銷售漏斗。如同古德曼所言：「公司裡的每一個人都懂漏斗管理。」這點讓人想到微軟的納德拉呼籲旗下的主管，要他們看重與顧客使用（customer utilization）有關的領先指標，包括「顧客愛你」。

　　古德曼除了關注領先指標，還經常被問到當公司尚處於漫長的斜坡階段，她們是怎麼有辦法撐下去。古德曼重申 Constant Contact 的領袖最基本的精神是對客戶抱持熱情。「客戶讓我們堅持下去，客戶肯定我們的價值。我們會在這，最重要的原因是我們有協助小型企業的熱情。我們持續看到客戶使用我們的產品，獲得貨真價實的營收，那讓我們很開心。我們每星期會講一則顧客故事，今日依舊如此，因為對小型企業來講，我們提供的服務很重要。」

喚醒沉睡的策略，改變肌肉

古德曼區分兩種領導，一種是在以發現為導向的變動情境中，一定要有的領導。另一種是習慣。她在 2018 年告訴我：「要是你的模式保持不動，你的領導團隊沒動用自己的策略改變肌肉。他們沒多想，處於一直做、一直重複的模式。然而，如果你的產業正在變動，你必須搶先改變或被迫改變。你需要讓旗下的主管，和你這個執行長一起處於發現模式。不能只有你一個人處於發現模式，而這的確需要採取不同的領導風格——你是領導者，你必須讓大家了解『為什麼』。我們想找出什麼？目的不是證明某件事錯了，而是把事情做對。」

「自我成長型」領導

早在 1984 年（海格森尚未展開研究前），布喬雅（Jay Bourgeois）與鮑德溫（David Brodwin）就已經著手分類領導方式，一板一眼劃分幾種傳統的領導風格，但其中有一種很特殊，無法以他們觀察到的其他領導行為來描述，不得不自成一類，命名為「自我成長型領導」（crescive leadership）。

　　布喬雅與鮑德溫形容採取自我成長型領導法時,「執行長的角色從設計,變成設定前提與裁判。此時策略問題涉及執行長的能力:執行長要能定義或安排範圍夠廣的目標(也就是設定決策的前提),鼓勵創新,明智挑選眼前的相關計畫或策略選項。」

　　布喬雅與鮑德溫發現,以他們檢視的幾種領導方式而言,自我成長型領袖最不同的地方,在於這種領袖會下放決策權。如同兩人所言:「執行長人在總部裡,無法了解現場狀況,也因此抓住新型事業機會時,處於自我成長模式的執行長必須願意冒險,放棄掌控策略計畫,授權給別人。」

跟隨人才

　　席寇基(Michael Sikorsky)是來自加拿大的連續創業家,名列 CNN Money「值得觀察的執行長」(CEO to Watch)、《獲利》(*Profit*)雜誌「加拿大的網路革命人士」(Canada's Internet Revolutionary)、《亞伯達企業》(*Alberta Venture*)的「亞伯達 50 大影響力人士」(50 Most Influential People),以及 2013 年的安永年度科技通訊企業家(Technology and Communication EY Entrepreneur of the Year)。席寇基的公司 Robots & Pencils 是組織採取自我成長型領導的好例子。在這裡先充分公開揭:我是 Robots & Pencils 的創始成

員與顧問，我因此能得知這間公司相當獨特的觀點。

Robots & Pencils 採取「跟隨人才」（follow the talent）策略。如同公司的領導階層所言，他們的策略定位是協助客戶「找出科技世界的下一件大事，以防過時。」Robots & Pencils 可說是把自身的成功，賭在協助客戶走過轉折點。如同公司網站所言：「我們的做法是創造出跟隨人才的公司，累積大量高度優秀、把 Robots & Pencils 當成家的人才。這群人不僅開發改造事業的創新解決方案，也打造先前想像不到的產品。」

享受樂趣

Robots & Pencils 投資的「趣味實驗室」（FunLabs）計畫，直接傳達出自我成長型領導的概念。如同公司所言，趣味實驗室的「內部團隊，研究自我導向的假設，專注於走在時代尖端的新型科技。」這是一種社群共學模式（cohort-based model），員工致力於找出可以加以研究的技術轉折點可能性。Robots & Pencils 試著以這樣的方式持續待在最前線，替客戶找出接下來會發生的事。

這樣的流程始於「考慮報告」（considerations report）。Robots & Pencils 的每一個人都有機會提供放進報告的內容，包括「有可能改變全局的尖端科技與潮流、我們的人才

有興趣鑽研的事，以及我們認為對客戶有利的事。」考慮報告將提交給趣味實驗室委員會。每一輪的趣味實驗室週期，皆會組成新的委員會。委員會的任務是提出「結果選單」（outcomes menu），選出 3 個潛在的技術或主題，也就是他們感到趣味實驗室在下一輪的週期，應該專注於研究那些事。

每位員工將有四星期的時間，依據結果選單提出具體的實驗點子。雀屏中選的前三名，將以簡潔俐落的方式簡報，接著全公司一起投票，但不是選美的那種投票方式，自有一套經過仔細計算的投票架構。待在公司時間愈長的人，他們的票比較有份量。此外，投票還會計算員工是否認為這次的點子夠有希望，願意放下手邊目前的專案，改爭取做這個點子。

篩選流程結束後，由三人小組待在實驗室，執行十六星期的實驗。團隊必須在部落格、報告與每季的「學習報告」（learnings report）中分享心得。

值得留意的是，這個流程直接從公司的邊緣獲取洞見與靈感，促進參與，很少是由上而下的帶動。高層的確會設立整體的目標，但由關鍵的個人與投票流程決定實際要執行的專案。

趣味實驗室的第一個事業是「Missions」這項產品，方便一般人在團隊協作工具 Slack 設定工作流程。Slack 今日

普及的程度愈來愈廣,提供了先前第 7 章呂爾所說的「無組織級別之分的平等溝通」。Missions 推出後大受歡迎,Slack 最後向 Robots & Pencils 收購這項產品,連同打造這項產品的團隊一起帶走。

Robots & Pencils 在這個環節上,也採取不同於傳統管理的有趣做法:他們替離開 Robots & Pencils、加入 Slack 的員工留後路。萬一想回來,隨時可以回來,不必再次面試與走過應徵流程。只要離開的人認為該這麼做,感覺時間對了,就能回 Robots & Pencils。Missions 團隊不在的這段期間,被視為「休創業假」。

先了解自我成長型領袖會做的事之後,接下來可以開始解釋,這樣的人士以什麼樣的做法,協助組織走過策略轉折點。

提出整體策略方向,引導公司走過轉折點

由於商業環境變化莫測,有的人認為某種程度上,擬定策略將徒勞無功,然而我的研究顯示,今日擁有核心策略的重要性達史上新高。要是少了明確的策略與優先順序,自我成長型領導做法將變成一團散沙。

想一想目前開始受到關注的潛在轉折點:貝萊德(BlackRock)的創辦人與執行長芬克(Larry Fink)管理超

過 63 兆美元的資產。他在 2018 年 1 月，寄出引發廣泛討論的公開信給眾家執行長。信中提到企業必須讓社會出現「正面的轉變」，而且應該由企業領袖負起責任。《紐約時報》的索爾金（Andrew Ross Sorkin）指出，「對於全球資本主義的狀態而言，這封信是長期悶燒的爭論的轉折點。」

芬克宣布貝萊德日後的投資考量，將納入企業對社會造成的長期影響。他加入人數正在成長的觀察者，批評上市公司短視近利，日前的資本主義尤其不健康，認為公司營運唯一該考量的事，就只有替投資人帶來財務報酬。我先前在第 7 章提過，用於回購股票的資源將無法用於創新。更大的問題是誤以為投資人是唯一受到影響的人。《金融時報》（*Financial Times*）的馬丁・沃爾夫（Martin Wolf）等專家都指出，這種愈來愈受到嚴厲抨擊的想法，不僅阻撓與創新有關的投資，還妨礙培訓人才與建立社群，有可能「終結現代的政治秩序」。執行「股東第一」的做法，例如：股票回購、大量發放股票報酬給高階主管、盡量從現有資產中榨取利潤等等，也因為扭曲市場定價，慷他人之慨（例如長期員工）來獎勵高階主管與投資人，備受批評。公司發生事情，員工也會連帶受影響。

芬克並未在那封給執行長的公開信中，詳細指出貝萊德將採取哪些確切的政策，但顯然投資者開始關切企業的作為。貝萊德在官網提供參考文件，列出他們有可能在會面

時，向管理團隊與董事會提出的問題。值得留意的是，貝萊德並未告訴企業該採取的特定行動，而是試著將這個議題，納入貝萊德與執行長、貝萊德與其他投資人的對話議程表中。換句話說，從策略上來看，希望爭取貝萊德支持的公司，將必須把人資管理等主題，當成自家優先關注的事務。

此一策略的執行方式值得留意。沒錯，貝萊德表明社會使命很重要，但他們沒要求企業策略該如何加進那些使命，由希望展開策略對話的各家執行長自行決定。

碰巧的事還有一樁：前文提到的女性領導方式，也談到多元策略思維觀點的重要性。貝萊德希望他們投資的企業，將能提出明確的政策與做法，大力推廣多元議程。

保持組織開放心態，接收說法不一的新資訊

葛洛夫在他開創新局的策略轉折點著作中，談到在模式清楚浮現前，你必須放手讓混亂的狀況維持一段時間。大量的輸入、大量的點子、大量的爭論將是有必要的。擁有充分資訊後（微弱訊號變得夠強），才開始替選中的策略道路凝聚組織。

此時的關鍵是百分之百坦率——你要勇於面對令人不快的資訊。當鴕鳥對企業來講不是好事，我的同事稱之為「把懷舊當成企業策略」。福特汽車的領導者穆拉利有一句口頭

禪：能幹的領袖知道「你無法管理祕密」。

夏蘭（Ram Charan）、薩爾（Don Sull）、塔雷伯等專家提出過類似的原因，解釋為什麼預測重大變革時，一定得坦誠以對。夏蘭與薩爾認為領袖應該尋找反常的事──也就是出乎意料的事。若要看出新興模式，關鍵將是吸收大量的資訊。塔雷伯也提出獲得高品質資訊的忠告：「如果對方（不會被可能的轉折點引發的後果）衝擊到，不要聽他們的建議。」

高績效的執行長有一件事高度一致：即便先前的假設會因此受到挑戰，他們堅持完全坦率，接受殘酷的事實。不對，應該說**如果挑戰到他們的假設，他們更是會特別願意接受。**葛洛夫（Intel）、葛斯納（IBM）、穆拉利（福特）都在管理著作中，強調過這點的重要性。

自我成長型領導願意聽人提出警訊──這樣的人偶爾會被當成杞人憂天，但與其斥責他們大驚小怪，不如當成參考，加進你考量的可能結果。搞不好他們真的接觸到一般不常見的關鍵訊息。博伊德等人士早在 2006 年，在事情鬧得沸沸揚揚之前，就已經預料與詳細討論臉書把用戶的私人數據，賣給廣告客戶與希望瞄準特定人士的金主！

盡量讓決策靠近邊緣

麥克克里斯托將軍的著名事蹟，包括改造美國情治單位的做事方法。他在《美軍四星上將教你打造黃金團隊》（*Team of Teams*）一書中，談美國在對抗蓋達組織的過程中，就連軍方也得找出不同於以往的領導方式，不能繼續採取一脈相傳的「指揮控制法」。他寫道：「最明智的決定，來自最靠近問題的人——不以資歷來決定。」

然而，高層如何才能安心授權？麥克克里斯托發現答案是協助團隊培養共享的意識。如他所言：「你幾乎信任每個人都能自行做決定，因為你感到他們握有的資訊與目標和你完全一樣。」

麥克克里斯托的話，一直讓人想起古德曼也談到團隊齊心協力時，流程的進展速度會變快。

運用議程與人脈，讓改變持久

哈潑柯林斯（HarperCollins）出版社的執行長莫瑞（Brian Murray），回想自己 2002 年參加法蘭克福書展時，突然領悟一件事：一旦數據與產品能被數位化，出版事業的經濟將永遠改變。莫瑞在 2017 年指出：

我突然明白未來將出現重大轉變，我不曉得事情會
如何發展，但我記得非常清楚，那一刻我突然頓悟……
數位化依舊被誤解，我不認為我們的經濟、我們的國家
與企業了解數位經濟帶來的衝擊。一旦變動成本變成
零，一切都會變，而所有類型的媒體中，書的檔案最
小，也最容易傳輸，在當時就是那樣了。你可以看出書
籍出版將出現根本的改變……隨著那樣的生態系統出現
在我們身邊，我們如何能存活與欣欣向榮？我們沒召開
移地會議，沒讓每個人一起坐下來想辦法，而是多年間
慢慢試著替數位將是重大元素的未知未來，找出你如何
定位公司，保護公司的核心事業。

注意到了嗎？莫瑞說的是「多年間慢慢試著」。即便引
發策略活動的洞見發生在一瞬間，組織的回應是漸進式的，
一步一步改造。

打造齊心協力與彼此信任的團隊，快速行動

許多文獻都充分探討過穆拉利的管理制度，所以這裡不
花太多時間詳述，不過那套制度的核心是穆拉利以一件事出
名：他每星期都召開檢討會。團隊成員要誠實報告與處理事
業碰到的問題。如同穆拉利本人所言，這套辦法能有奇效，

不是因為每星期開會，而在於他堅持的文化規範。

　　著名的高階主管教練葛史密斯，在 2015 年協辦過一場大會。穆拉利在會上發放講義，列出他稱為「合作架構」（working together framework）的指導原則：

- ◆ 以人為先
- ◆ 納入每一個人
- ◆ 吸引人的願景、全面的策略、永不間斷地執行
- ◆ 明確的績效目標
- ◆ 單一計畫
- ◆ 事實與數據
- ◆ 每個人都清楚計畫內容，也知道需要特別留意的狀況與領域
- ◆ 提出計畫，採取「找出一條路」的心態
- ◆ 尊重、聆聽、協助與感謝彼此
- ◆ 情緒韌性──信任流程
- ◆ 享有樂趣……享受旅程與彼此

　　以上幾點近似於本書從頭到尾談的領導原則，兩個例子包括古德曼強調執行的「團隊」才重要，而不是個人；以及納德拉的洞見包括微軟需要改造內鬥的常態。

為具體行動創造戰鬥口號

前文提過的莎朗‧普萊斯‧約翰是在公司的轉向期間，成為熊熊工作室的執行長。各位要是不熟悉熊熊工作室，那是一間具備精彩創業精神的新創公司，1997 年由克拉克（Maxine Clark）創立，成為體驗式零售概念的先驅。克拉克原本在瑋倫鞋業（Payless ShoeSource）一路從基層做到總裁。如同許多經歷個人轉折點的領袖，她逐漸發現工作不再有「火花」，因此離開瑋倫，開始尋覓新點子，最後碰巧在陪朋友的孩子購物時找到靈感。克拉克在 2012 年的訪談，提到那次的經歷：

> 有一天，我和好友的女兒布哈特（Katie Burk-hardt）去逛街，同行的還有她的弟弟傑克（Jack）。他們平日蒐集 Ty 公司出的豆豆娃（Ty Beanie Babies），但那次逛街沒找到新的。凱蒂拿起一隻豆豆娃，說我們可以自己做。她的意思是我們可以回家自己製作小熊，但我聽見不同的意思。她給了我創辦公司的點子：讓人們客製化填充動物玩偶。我做了一點研究，開始擬定計畫。

在 KB Toys、史瓦茲玩具店（FAO Schwarz）、兒童世

界（Child World）、贊尼布雷尼（Zany Brainy）等傳統玩具店紛紛關門大吉，玩具改集中在沃爾瑪、塔吉特，以及沒錯，全球的玩具反斗城銷售時，熊熊工作室異軍突起，但依舊在金融海嘯中遭受重創，公司面臨轉折點。克拉克在2013年宣布，她將不再擔任「熊熊執行長」，改以董事身分繼續協助公司。約翰在同年成為執行長。

約翰在我們2016年的女性領導課程中，用「SPARK」這個首字母縮寫，解釋自己接任執行長後，如何讓公司起死回生：

S：See，看見，想像。

P：Plan，計畫。

A：Action，行動。

R：Repeat，重複。

K：Keep，維持信念。

本書從頭到尾都在談，洞燭機先與想像未來會發生的事，將是走過轉折點的起點。約翰告訴班上的學員，「看見」（S）的意思是提出「令人振奮的真誠願景……你必須有辦法說出事業的故事，說出你的公司存在的理由。」約翰判斷熊熊工作室販售的是回憶——但可以不只是如此。她們打算進軍觀光景點，運用電影《冰雪奇緣》（*Frozen*）等大

受歡迎的兒童遊戲區，讓品牌延伸到自家店面以外的地方，並且強化對男生的吸引力（就連成人也會感興趣）。公司在做種種的努力時，「不只是如此」將是關鍵。

在「計畫」（P）的部分，約翰利用品牌即將在 2017 年迎來二十週年慶，當成轉捩點，趁機讓組織團結起來。約翰談到她的團隊「相信自己能改變孩子的人生。在這次的二十週年慶，我們將替下一個二十年做好準備。在我們的第二十年，我們的目標是帶來最精彩的一年。我還不知道詳細的辦法，但我們會做到。」

SPARK 縮寫中的「行動」（A）是大難關。本書一再提醒光是看見問題或轉折點還不夠；大步前進的關鍵元素，將是在人們大都想要固守現況時，讓組織做點什麼。約翰為了解決這個問題，提出「SDSS」這個簡短的座右銘，意思是「停止做蠢事」（Stop doing stupid stuff）。換句話說，要是某件事沒價值，那就別做了，空下時間做更重要的事。

約翰利用她上任時宣布的目標凝聚組織。當時公司大約一年虧損 3.8 億美元，約翰表示：今年「我們要賺 1 塊錢。」約翰告訴 2016 年的女性領導班，效果「很神奇。每個人心中都在想：『我不會當那個花掉最後 1 塊錢的人。』我們辦到了，公司起死回生，原本甚至破產了，但最後有辦法發獎金給努力工作的人們。」

不過，組織有可能在旗開得勝後失去動力。比較容易做

到、好理解的部分已經完成，前方的道路將更為艱辛。約翰因此在全體大會上，請財務人員全身穿成岡比黏土人（Gumby），象徵大家必須有彈性，隨機應變。

此外，你當然還必須無限「重複」（R），不斷提醒共同的主題。如同約翰所言，人們其實不是故意抗拒你嘗試推動的事，只是如果新做法挑戰了長期理所當然的假設，過去的習慣很難改。

最後一點是約翰永遠「保持信念」（K）。改變是有可能的，而且值得去做。

戰時執行長 vs. 平時執行長

我是策略與創新學者，相較之下領導學不是我的專長。典型的管理文章通常會提到的領導模式，令我感到十分沮喪。沒有所謂的最好的領導辦法，也沒有適用於所有情境的最佳領導性格，不會有單一的領導風格是最合適的做法。還有當然，我們對於領導的想法，全都受「光環效應」（Halo Effect）影響——我們是依據過去成功的事，推斷哪些事有用，忘掉完全有可能依循錯誤的做法但依舊成功；也或者是每一件事都做對，卻照樣失敗。近期的「證物 A」是前 Nissan 汽車的執行長高恩（Carlos Ghosn），多年被捧為英

雄，2018 年卻在一片錯愕之中，突然跌落神壇，被指控有不法的金融行為。

　　此時很適合回想霍羅維茲（Ben Horowitz）區分的「戰時」執行長與「平時」執行長。他在《什麼才是經營最難的事？》（*The Hard Thing About Hard Things*）一書中指出，當任務是走過轉折點，「戰時」擁有的時間與空間，完全不同於「平時」。霍羅維茲寫道：「公司作戰時，要解決眼前影響生死存亡的威脅。這樣的威脅有可能來自各式各樣的源頭，包括競爭、大環境出現重大轉變、市場變遷、供應鏈發生變化等等。偉大的戰時執行長葛洛夫在《10 倍速時代》一書中，精彩談到哪些力量會讓公司從平時進入戰時。」

　　難就難在陷入危機的組織，一般會找指揮控制型的領導者拯救公司，但最佳領導實務的研究顯示，帶組織走過轉折點時，這是很危險的想法。

　　我感到這點可以尋求真正的戰時領導者的智慧：我的同事兼朋友柯帝茲是退休的准將，西點軍校的領導課程可說是由他一手建立。他 2007 年寫下《危機領導力》（*In Extremis Leadership*）的時候，目標不同於大部分的危機領導研究案例。柯帝茲指出大部分的時候，領導專家「研究的是一般企業的人員。這些人一輩子不曾真正處於危機，但突然遭逢危機，接著順利過關或失敗。問題出在你基本上是在研究業餘的危機處理者，而我想要研究危機專家——危機專家永遠處

於危險的境地。我想知道他們的技巧、他們的領導方式、他們和別人不一樣的地方在哪裡。」

　　柯帝茲研究危險情境下的領導者後，找到與本章類似的模式。柯帝茲發現在危急的局勢下，領袖首先必須穩定軍心，「有辦法提出前方的願景——即便細節尚未出爐。」此時極為重要的任務是建立信任感與使命感，而信任不是一天就能培養出來，需要一段時間多次互動，彼此相互依賴。如同柯帝茲所言，此時的任務是字面意義上的「否認有可能失敗」。柯帝茲指出，不同於許多人對於指揮控制型領袖的誤解。情勢危急時，領袖其實不需要製造額外的情緒，反而需要讓人們鎮定下來，有辦法專心。

　　第二點是讓人們把注意力集中在任務與環境，不放在擔心自己。本書反覆提到，轉折點領袖通常會趁機號召眾人，凝聚軍心。典型的做法是簡單告知：**想著 X，現在只要想著 X 就好；事情有變時，我會告訴大家。**

　　另一項成功的戰時領袖元素是「有難同當」。關鍵做法包括不袖手旁觀，出錯時你也有份，你也要分擔批評的砲火。想一想微軟進軍 AI 領域時，聊天機器人 Tay 出了很大的糗，當時納德拉是如何和團隊溝通。「我相信你們。」納德拉告訴大家：「我在背後支持你們。」納德拉的意思自然不是未來可以懈怠，而是要讓團隊有信心再試一遍。

　　再來是「軍民同心」。當人們感到領袖過著和他們一樣

的生活，他們會更願意接受領導——彼此有著共同的經歷、領導者不會高高在上、不要求領特殊分紅、有聊得來的事。

當然，能力也很重要。在危險的情境中，人們必須判斷領袖是否有能力帶大家走出困境。

柯帝茲在電子郵件上告訴我：「問題出在你幾乎不可能突然變身為成功的『戰時』領袖，平時就要備戰，等碰上危機才要做就太遲了。所以唯一真正的辦法，就是**永遠都以戰時領袖的方式領導，成為性格的一部分，你就是那樣的人。**」柯帝茲解釋，光是簡單的領導做法，就能帶來很大的不同。「以前在西點軍校時，如果有女性同仁升格為媽媽，我會在生產隔天到醫院探望。」柯帝茲寫道：「喜獲麟兒不是重大危機事件，我只會簡單詢問她們是否獲得良好的照顧等等，但日後不只一個人告訴我，這種簡單的訪視讓她們感到，**如果哪天真的發生事情，我絕對會在。**那是『在銀行存錢』——你必須在還沒發生任何危機之前，就好好存錢。」此外，柯帝茲還強調轉換成戰爭模式時，有的人雖然平時表現良好，碰上危機時必須讓他們離開。柯帝茲寫道：「危機的第一步——開除無法轉換模式、配合戰時需求的人。」

我的結論因此是最佳領袖永遠準備好迎戰。平時若沒能做到建立信任、分擔風險，以及願意接受領導，人們將極度缺乏戰時的準備。隨著轉折點出現的速度增快，後果變大，完全處於平時模式很危險。

重點回顧

　　成功帶組織走過轉折點的領袖，懂得動員組織的士氣，上下一心，仰賴組織中的人才，但也會提供明確的方向。

　　看見地平線上的轉折點，將是成功走過轉折點的第一步。接下來必須決定要朝哪個方向走，開始動員組織。

　　你需要花時間讓關鍵的高階主管齊心協力——缺乏共識將分散努力。三個臭皮匠，勝過一個諸葛亮。

　　釐清策略。絕對要讓大家理解為什麼要那麼做，指出關鍵的優先順序。

　　缺乏坦率的回饋，事情將很容易出錯。你沒時間浪費。你需要人人完全坦誠相告，說出百分之百的事實。

　　領導者的職責從設計與指揮，走向設定前提與下判斷。

　　盡量在邊緣做決定。

　　簡化複雜——提出人人有共鳴的戰吼。

　　領袖愈來愈有必要做好戰時的準備，時間到了隨時能上場。

第 9 章

走出同溫層，
去和你的未來聊聊

轉折點通常是機會，但很少人會這麼看。轉折點是改變人生的契機；你有機會修正目前的人生道路，朝更理想的方向走。

——史蒂文森（Howard Stevenson），哈佛商學院

本書主要檢視組織如何更能洞燭機先，預測轉折點有可能帶來的事，不過許多用來協助組織的原則，其實也能應用在個人層面。

有三個共通的主題也適用於個人。第一點是如何「看見」正在出現的轉折點，解讀對你而言的意義。第二是如何準備好走過轉折點。第三是建立你想發展的個人觀點。

本書一再提到，若能及早發現潛在轉變的微弱訊號，你將有搶先起步的重要優勢。接下來帶大家從個人的層面，快速回顧幾個主要心得。

走到邊緣去看看

葛洛夫建議前往你的經驗的邊緣，了解接下來可能發生什麼事。這個明智的建議適合組織，也適合個人。大幅改變人生的體驗與洞見，通常來自意想不到的地方，也因此預期自己將出現轉折點時，記得要認真想一想，你有多常探索舒適圈與日常生活的邊緣，看看轉角接下來有可能發生什麼事。

要看哪裡？

前文在組織層面檢視競技場的脈絡：我們能協助顧客完成生活中的待辦事項，但其他人也在搶這塊大餅。我們進一步從組織競技場的角度，深入檢視有可能帶來轉折點的情形。

有可能引發轉折點的變化如下：

1. 有可能改變眾人競爭的資源庫。
2. 有可能改變搶奪資源庫的成員。
3. 有可能改變競爭的情境。
4. 有可能導致行為者的考慮清單上，有的用途排擠掉其他用途，或是用於滿足那項用途的資源減少。
5. 有可能大幅改變消費體驗。
6. 有可能導致某些屬性更受重視／更不受重視。
7. 有可能改變價值鏈中哪種能力才重要。
8. 有可能改變競技場中的每一個元素。

前述的這幾種轉變，顯然也值得從個人層面來思考。如果環境轉折點正在讓某些活動或能力的寶貴程度出現增減，對你來說的意義是什麼？未能留意周遭世界的轉變帶來的影響，有可能造成許多不幸。

這樣想吧：如同在專業的層面，你試著了解自家公司或

組織接下來將發生的轉變，你也該以同樣的慎重態度，替你的個人發展與職涯伸出觸角。好消息是你替公司洞燭機先的方法，的確和替自己的職涯前景著想，有著共通之處。關鍵是願意接受新點子，小心不要陷入舒適圈，一成不變。

突破同溫層

如同組織在做關鍵決定時，讓擁有多元觀點的員工加入討論是好事，你也應該努力讓身邊的圈子多元。當局者迷，旁觀者清，身邊如果又都是一樣的人，更是容易有盲點。

第5章提過杜納與溫伯格兩位創業家，走出自己的圈子尋找機會與驗證假設。同樣的，我最喜歡羅格倫（Pähr Lövgren）的故事，他是我在華頓商學院讀書時認識的連續創業家，擅長利用人脈，找到新機會，他旗下的企業包括邁加隆（Megaron）這間 CAD/CAM（電腦輔助設計／電腦輔助製造）公司。羅格倫創辦過數十家企業，賣給不曉得該如何自己來的大型組織。羅格倫尋找環境轉折點的方法，也是他在職涯中找到下一個轉折點的方法。

羅格倫定期和一群顧問共進晚餐（到地方上最好的餐廳），大家的客戶是碰上科技挑戰的企業，也因此全是羅格倫的公司潛在客戶。羅格倫會在這樣的聚餐上，請顧問描述客戶面對的新興問題，說不定他的公司能提供合適的解決方案。

　　舉一個例子：羅格倫曾在聚餐時得知，北歐國家的鑄造廠碰上愈來愈難找到勞工的問題，其中一間是羅格倫顧問同事的客戶。那間鑄造廠想知道，羅格倫是否有解答——鑄造廠找不到人做的事，或許有一部分可以由機器人接手。羅格倫帶著這個點子，參加另一群人的聚會——這次是他多年合作的幾位工程教授，請這個圈子評估這種解決方案是否可行。

　　其中一位工程教授說沒問題，只要投資金額不算太多的 5 萬美元，他可以幫忙打造原型。大部分的人大概會大手一揮，自掏腰包批准做這個原型，尤其是如果我們和羅格倫一樣富有的話。然而，羅格倫沒這麼做。他回頭找那群顧問，這次的目標是了解是否許多鑄造廠都碰上缺工的問題。顧問回去打聽，發現的確許多工廠都在煩惱這件事。羅格倫問碰上這個問題的鑄造廠管理者，他們願不願意掏錢投資原型。我得承認，我有點困惑為什麼要這麼做：「那萬一募不到資金怎麼辦？」我是在會議碰到面時，問羅格倫這個問題。羅格倫看著我，翻了個白眼後回答：「那我就知道對他們來講，這個問題沒大到他們有心要解決，我可以改研究另一個事業。」這個專門替鑄造廠與其他碰上科技挑戰的環境製造「強力機器人」的事業，最後一飛沖天。

　　以《花小錢賭贏大生意》一書出名的席姆斯，透過他成立的 Parliament 組織做到極致，藉由彙集多元的觀點了解未

來。如同他在 Parliament 網站上所言：「Parliament 成為第一
個平台，方便多元的一群人取得與駕馭水平能力（horizontal
power）。Parliament 以自由軟體運動等重要影響力為師，加
入最高品質的生態系統，加強帶動更快的學習、創新、協作
與合資公司。」Parliament 的活動參加者極度多元，包括作
家、編劇、科學家、企業領袖與各行各業。他們定期聚會，
分享洞見，不僅看見未來，也形塑未來。我榮幸受邀參加過
幾次活動，相當值得。

負向或出乎意料的回饋可能是禮物

　　如同古德曼描述她的領導之旅，回饋是非常寶貴的洞察
助力，尤其是令你感到不舒服的回饋，或是讓你了解先前不
自知的一面。不過，大部分的人缺乏一套流程，無法以有架
構的方式取得意見回饋，協助自己改善或找出害自己無法進
步的事。此時你想找**別人**看見、但你自己看不見的絆腳石，
包括個人習慣、做法、行為或假設。

　　葛史密斯是世界知名的高階主管教練，他密集與現任和
即將走馬上任的執行長合作，採取「關係人導向教練模式」
（Stakeholder Centered Coaching）。這項技巧能協助你以具
有建設性的方式，取得大量的有用回饋，還能依據個人需求
加以調整。你需要找人幫你——理想上，這個人和你沒有利

害關係、單純想見到你進步。以下稱這個人為你的教練，即便他們並未接受過正式的教練訓練。

基本流程是列出你的關係人（例如 12 人左右）——這些人對你的成功與效率來講很重要，或許是工作上認識的人，也可能與你的個人生活有關。以本節的目的來講，他們的身分不重要。你列出名單後，教練訪談這些人，請他們自由提出看法，談他們認為是什麼讓你無法前進，阻礙你成功。舉例來說，古德曼得知自己在領導時，打斷別人簡報將妨礙資訊自由流通。更大的問題是她聽不到明日之星說話。

教練接著替你整合資訊。葛史密斯的客戶會告訴你，展開最初的誠實對話很不容易，你的個人觀點通常會受到挑戰，而且不一定是愉快的挑戰。你和教練一起決定按照回饋來看，你最好開始採取哪些行動。此外，還要找出哪些證據將顯示，你已經成功處理問題。

葛史密斯輔導過的著名客戶包括穆拉利，前文提過穆拉利是前波音高階主管與福特執行長。關係人提供的回饋指出，穆拉利在波音步步高升時，未能充分參與組織的各部門發生的事，意思是穆拉利懂自己的領域，但未能充分掌握公司的大方向。穆拉利為了解決那個問題，制定定期溝通的流程，對象是波音其他部門的同仁。幾個月後，葛史密斯再次詢問相同的關係人，他們說問題解決了。

葛史密斯還讓客戶齊聚一堂，一起分享經驗與洞見，連

帶也拓展他們的人脈。

　　有兩點要注意的事：即便忠言逆耳，你的任務是願意聆聽回饋，不是爭論、解釋或找理由，也不是以任何方式反駁。如果有人這麼做，葛史密斯甚至會罰錢（最後捐給慈善機構）。記住，這些是**你的**關係人——你挑他們，原因是你重視他們告訴你的話！此外，如果你請葛史密斯輔導你，記得帶 20 美元的鈔票。

　　許多人也會進行其他類型的評估，找出如何替未來做好準備。更流行的做法是 360 度評估。這個名字來自搜集四面八方的意見，包括你的直屬上司、同仁與你監督的人（也因此是無所不包的 360 度角度）。我建議可能的話，最好和教練討論你收到的所有回饋。有的人在考慮自己的下一步時，甚至會成立個人「董事會」，請大家提供建議與靈感。

走出去，和正在發生的未來聊聊

　　如同卜蘭克告訴他輔導的創業者：「大樓裡沒答案」，如果你整天待在同樣的老地方，你得不到太多有關於未來的洞見。呂爾也以同樣的方式嘗試過，想在公司總部就找到數位轉型的靈感，結果失敗了。沒接觸到某種具備挑戰性的新想法，將很難洞燭機先。此外，平日的環境也不太可能讓你接觸到已經發生、但尚未平均分布的未來。

　　你將需要培養新鮮的觀點，幸好有幾種方法能做到，例如：挑一個與你整天做的事不直接相關的產業，參加他們的產業大會。羅斯的「數位說故事實驗室」（Digital Storytelling Lab）舉辦的 Digital Dozen 競賽等活動，有可能讓你大開眼界（詳見第 1 章）。地方大學經常舉辦開放給一般民眾的研討會與演講。就連參加興趣社團，也能讓你遇見一般不會碰到的人。當然，參加主題你感興趣的課程，也將帶來新點子的種子。

你的情境與領先指標

　　第 2 章介紹的建立未來情境與零點事件的流程，在個人層面也很實用。你在做轉向的決定、思考接下來該採取哪些步驟時，最好先想一想未來可能會是什麼樣的情境。就連替你的生活中關鍵的不確定性找資訊，也會是寶貴的探索練習。即便你的前程似乎沒有什麼大問題，照樣可以考慮做點改變，帶來更好的機會。

　　設想未來對斯威特（Julie Sweet）的旅程來講很重要。斯威特原本在頂尖的法律事務所工作，探索後成為埃森哲（Accenture）的北美執行長。斯威特起先在柯史莫法律事務所（Cravath, Swaine & Moore）工作，是那裡的王牌律師，極度成功，但她開始感到繼續做目前在做的事，將無法發揮

全部的潛能。如她自己所言：「如果你看得見你的未來，那麼你挑戰自己的程度，大概還不夠。我有一塊小牌子，我先生掛在家中牆上。上面寫著：『如果你的夢想沒讓你感到害怕，你的夢想還不夠遠大。』」斯威特表示她今日在雇人的時候，最看重的特質是「好奇心」。

替出航做準備

組織若能搶在出現轉折點、不得不做之前，就先培養能力，此時會最成功。你也一樣。當你學著在自己的人生，搶先見到轉折點，你將能成功。柯帝茲會告訴你，**在你急需用錢之前，就要先把錢存在銀行裡。**

曲折的成功職涯道路

在傳統的職涯世界，那是有如電影《畢業生》（*The Graduate*）裡，達斯汀・霍夫曼（Dustin Hoffman）飾演的主角得到的建議，要他在塑膠業裡尋找未來的世界，其中主流假設是有一把直直的梯子，你一階一階往上爬，最後爬到組織的高位。那樣的職涯規劃放在今日自然不再適用。我們面對的職涯道路八成是多進多出，比較接近創業家、Netflix

執行長霍夫曼所說的「服役期」（tours of duty）。

　　換句話說，與其設想自己會待在同一間公司裡，一輩子想辦法升職，比較可能發生的情形，其實是一群擁有正確技術與能力的人聚在一起，一起帶來某個特定的結果，目標一達成就解散。事實上，有的產業（例如電影業）與公司（例如大型顧問公司），已經在用這樣的方式工作。

　　當環境經常出現轉折點，不斷改變我們需要做的事，該如何在這種環境建立職涯，永遠很難講。有一項研究利用 LinkedIn 數據，得出值得留意的結論：爬到高位的人通常會累積多元技能，踏出舒適圈，學習不懂的領域。安德里森（Marc Andreessen）是知名投資人、發明家與創投者，他甚至說這種能力是「成為執行長的祕密配方」。最成功的企業領袖，「幾乎從來都不是最優秀的產品願景擘畫者，不是最優秀的銷售人員，不是最優秀的行銷人員，不是最優秀的財務人員，甚至不是最優秀的管理者，但他們好幾項能力都在前 25%，接著砰一聲，他們能勝任重要的事。」

　　依據一份 45.9 萬人的研究來看，安德里森的洞見講出幾件事。首先，最終擔任高階職位的人士，他們最初的工作大都需要解決複雜的問題，必須擁有多重的技能組合，無法仰賴同一套技能。第二，願意接受不同職涯角色的人，一般也願意接受中度的風險，接下稍微有點無法勝任的工作，接受身邊的人協助。最後，研究人員所說的「混合型工作」

（hybrid job）機會正在增加。組織在找的團隊成員，具備一種以上的專長或技能。

　　所以說，如果你已經待在舒適圈裡，做同樣的事一陣子了，或許值得考慮如何接下某種能教你很多東西的新角色。以剛才的斯威特為例，她加入埃森哲後，不得不學著當總經理。總經理需要的技能組合，非常不同於大型法律事務所的合夥人。

拼裝你的技能

　　在藝術或文學的領域，「拼裝」（bricolage）是指集合五花八門的事物，創造出新事物。我們若要擁有成功的職涯，愈來愈需要以意想不到的方式拼裝技能。

　　我的同事與合作者麥馬納，他這輩子的職涯是很好的例子，第 5 章介紹過他的數位轉型思維。麥馬納大學念愛荷華大學。大學時代的他和很多人一樣，「不太知道自己想做什麼。」不過，大學念了一段時間後，麥馬納發現他想要有一點國際經驗，從事跨國的職涯。麥馬納回想，他是某天站在愛荷華城的街角，腦中突然冒出這個想法。他日後所做的許多決定，全是源自這個夢想。此外，麥馬納在愛荷華讀書時，有機會加入世界級的愛荷華作家工作坊（Iowa Writers' Workshop），收穫很大，他想像自己未來會變成某種創意工

作者。

　　麥馬納因為想做能獲得國際經驗的事，跑到國外念了一年書，而他為了到巴黎念書，不得不主修法文（他當時學習法文的經驗有限）。到了巴黎後，他在索邦大學（Sorbonne）陷入極大的挑戰。他法文還不是很流利，但課程是全法語授課，而且要讀很深奧的法國小說。麥馬納勉強把法語學到過關，最後終於精通。

　　麥馬納完成愛荷華大學的學業時，他是班上的致詞代表，畢業後進入大型的國際會計事務所工作，負責協調國際行銷部門。麥馬納待過巴黎的經驗，以及他的法語溝通能力，無意間替他做好了準備。麥馬納預測下一個重大轉折點，將是網路問世與數位化，開始加入替公司打造數位財產的專案，以新的事業模型，建立全新的數位事業。他的能力組合因此多了數位化這一項（前文談過，數位最初先在組織生命的行銷部分顯現重要性）。麥馬納明顯感受到數位革命將在不久後的未來出現，他隱約看出趨勢。

　　麥馬納接下來決定，或許磨練商業能力的時候到了，到芝加哥大學拿 EMBA 學位，接著加入埃森哲──這次技能組合的新成員是「策略方向」。麥馬納在埃森哲和高階顧問對話時靈機一動。他告訴我，那位顧問表示「我們與客戶進行商業策略對話時，許多人詢問科技的事。在我們的許多科技對話中，客戶又問如何能連結到商業策略。我立刻想到：

我們必須在這幾件事的交會點打造事業。」麥馬納因此帶領埃森哲開發數位轉型策略事業。

數位革命進入好幾個演變階段，先是簡單的部分（例如：電子書），再來是更複雜的活動（例如自動化商業模式）。麥馬納知道，企業的營運方式將出現翻天覆地的變化，他想要親自參與那個發展，於是離開埃森哲，加入 15 人的物聯網新創公司。如他所言，你在新創公司，「有機會直接與公司的所有團隊合作，跨好幾個發展領域。」麥馬納今日從事多采多姿的活動，包括顧問職務、網路新創公司與擔任董事。這些職務全都來自先前培養各種想不到的能力。麥馬納告訴我，他的學習動力依舊非常強：「我的職涯永遠與我能學習的元素有關，接著又協助我打造下一個。」

建立選項

許多人會停滯不前，原因是感到如果跳下去做想像中的下一步，風險會太大。或許是這樣沒錯，但別忘了，培養技能不代表你需要從零開始，放棄你原本知道的每一件事。我除了這樣建議企業，也是這樣建議個人：你不需要下高風險的大賭注，照樣能替未來建立選項。

你可以選擇做小型的投資，讓自己有權在未來做決定，但沒義務一定要做。我們在思考自己想做什麼的時候，通常

沒花足夠的時間，想出新鮮的選項，加以實驗，了解相關選項能告訴我們的事。如同麥馬納的例子，他的職涯一路演變時，過去的經驗帶來相當珍貴的選項。你也可以和他一樣投資選項，拓展日後或許會碰到的機會。

你在打造選項時，不妨運用設計思考的原則。戴維斯－拉克（Paula Davis-Laack）就是這樣。她原本是幹勁十足的律師，後來感到工作是一灘死水，今日是職業生活教練，協助人們處理倦怠問題。

任何的設計挑戰都一樣，第一步是明確找出你試著解決的問題，以及你將得想辦法接受的限制。以個人職涯來講，你可能會問：「在工作上，我如何能找到下一件我會喜歡做的事？」或「我如何能抓住眼前的這股潮流？」

注意，現在只是先找出問題，尚未進行到解決方案。你需要顧慮的限制，全都要加進來，包括財務、地點、家庭等各面向。不要因此束手束腳，什麼都不敢做，但一定要考慮自己將碰上哪些限制，因為限制接下來將激發創意。優秀的設計師會告訴你，限制非常重要。限制將提供設計決策的脈絡，挑戰你想辦法克服。

下一個設計步驟是觀察。由於你是替自己這麼做，大可考慮你感到哪些事有意義、有趣或令人興奮。

第三步是想出你或許會想嘗試哪些類型的選擇，找出你對那些選項的假設。戴維斯－拉克發現自己漏了這一步，沒

先想好假設，測試一下，就貿然辭職，跑去當糕點師傅的學徒，結果非常痛恨那個環境。她回到步驟二，想一想自己真正喜歡做的事，列出「清單」──她寫下感到先前的經驗有哪些正面的地方，不論是否與工作有關都可以。

　　設計師通常會在此時建立原型，測試假設──有時是大量的原型。你顯然無法打造複製人代表未來的自己，但你可以展開相關的對話。如同杜納與溫伯格創辦 Flatiron 公司，不要害怕與人對談，去找你認為可以代表清單上的特質的人士。以我為例，我在讀博士之前，我和十幾位在學術界工作的人士聊，看看那是否是適合我的職涯，接著才決定長期投入。沒錯，你有可能發現自己其實對某幾個潛在的選項沒興趣，但或許會開始發現其他可行的點子。

　　以上是個人版的做實驗。你也可以跟著某個人上班一天，觀察那個環境。你可以測試點子，直到一個以上的點子開始成形。此外，此時取得身邊的人的支持也很重要。我有時會讓擁有不同能力的主管兩人一組，花時間觀察彼此。先前的章節介紹過，微軟的納德拉參加過 Netflix Insider，觀察 Netflix 的海斯汀如何工作，學到快刀斬亂麻做困難決定的方法。

　　經過充分的測試與實驗後，接下來是執行階段。你重新檢視限制、評估選項、努力改變所有你認為該改變的事。走過這樣的流程將使你不必趕鴨子上架，下過於冒險的賭注。

你要朝哪裡走？

你該如何安排走過個人轉折點的旅程？你可以先想一想，在未來的某個時間點，你希望你的人生長什麼樣子——例如 10 年後或 20 年後的你。你愈清楚自己想變什麼樣的人，就愈知道路該怎麼走。

別搞混「目的地」和「抵達目的地的工具」

我在這方面最常見到的錯誤，就是人們有時會把「他們感到有吸引力的未來狀態」，與「他們認為能抵達的方法」混為一談。

舉例來說，我有一個客戶是科層制十分明顯的組織，組織正在進行大改造。我協助他們的領導者看出如何能迎向未來，及時做出必要的改變。我問其中一名主管：「如果一切順利，你希望自己的未來會是什麼樣子？」對方自信滿滿地回答：「喔，我想升成 E 組的第四階主管。」我循循善誘，問為什麼他認為那會是理想的結果，但毫無進展，他深信那個結果將是天堂。

那種目標十分危險，因為公司有可能別人合併、競技場消失、出現更扁平的管理架構，或是出現其他重大轉折點，根本就沒有什麼 E 組了。以那種方法設想自己的未來狀態，

有可能因為缺乏想像力，讓自己陷入窘境。你該想的是你希望身處什麼樣的未來狀態。

我和另一位女性有過類似的對話。她心目中的天堂是成為資深行銷長。我們進一步研究為什麼她會那樣想。她顯然認為那個職位很棒的地方，在於她就能自由發揮創意，接觸到各式各樣的人，培養人脈，有機會與高階決策者互動。後續的練習，因此是想像她如何能以升遷以外的途徑，也能做到一樣的事。

這條路的風險將小很多。她可以因此想到，其實擔任不同部門的其他職位，同樣也能帶來相同的結果。此外，她也可以創業，或是加入創意顧問公司、非營利組織等等。重點在於用「結果」而不是「職位」來設定目標後，她將帶給自己遠遠更多的選項——對潛在的轉折點來講，這是相當實用的做法。

踏上自己的領導旅程

哥倫比亞商學院運用「領導人生故事線」（Leadership Lifeline）這項練習，協助學生明確回顧個人旅程與專業旅程、思考自己從中獲得哪些獨特的心得。我們先請每個人回想，過往的哪些歷程讓他們成為今日的自己，他們學到哪些事，答案愈具體愈好。我們多年間請大家做這個練習，從來

沒有誰的旅程是一直線。做這個練習能讓你找出自己曾在哪些時間點、以什麼樣的方式運用轉折點，打造出人生的機會。

走過轉折點將帶來獨特的體驗。誠心與他人連結將使你有龐大的動力，克服走過轉折點會遇上的挑戰。記錄你的旅程將是實用的練習，各位可以考慮做做看。練習的目標是回想你的人生出現過的模式，你在未來就更能辨識與建立類似的模式。大致的實用流程如下，各位也可以視情況擴充或調整：

步驟 1：建立你的人生故事線

拿出一張很大的白板掛紙，從你出生開始，畫出你的「人生線」，想著從你出生到現在發生過的重要事件。試著放上關鍵事件、關係、成功、失敗、成就與失望。這個步驟是在提供材料，協助你理解關鍵的事件與經歷（那些事影響了你今日的想法與做法）。

替每一個關鍵事件備註你如何受到影響。那件事是否形塑你的價值觀、深深影響你認為哪些事重要？你從這些經歷中學到的事，是否有部分持續影響著你？這些經歷是否彼此強化？

步驟 2：找出你的人生基石

準備人生故事線的時候，留意是否有一再出現的共通主題，尤其是面對轉折點時培養韌性的基石。舉例來說，有人發現自己的共通主題是面對逆境時永遠不屈不撓，他因此深信勤奮與堅持的力量。找出這些關鍵的價值觀，留意在你的人生經歷中，反映出這些價值觀的故事。

此外，依據你的經驗釐清你的界限在哪裡也很重要。你是否即便面對誘惑，依舊堅持某些做法或信念？知名的管理學者克里斯汀生是我的朋友，他談到多年參加哈佛商學院的校友聚會後，發現班上許多同學過的生活，不是當初設想的那樣──大家後來離婚、和孩子、家人不親、困在無聊的角色裡，史基林（Jeff Skilling）甚至因為安隆案入獄。克里斯汀生在 2012 年提到：「我有很多同學顯然執行了他們不曾規劃的策略！」克里斯汀生在同一年，鼓勵我們所有人「仔細思考後說出想當哪種人，提出我們希望家中有什麼樣的文化，接著在接下來的人生發生事情時，依據那些想法，協助自己成為想成為的人。」

步驟 3：開始寫下你迄今的故事

寫下你的人生故事線與關鍵主題後，就可以開始反思這趟旅程教你的事。想像你必須寫一篇有關於自己的報導，就

好像有人採訪你一樣。內容愈真實愈好，運用大量的例子和細節，協助自己留住鮮明的回憶。別忘了，這麼做的目的是回想往事，連結一路上對你的人生產生重大意義的力量。

步驟 4：以未來的你的角度，寫一篇談自己的文章

這個練習是我和同事麥克米蘭替哥大的高階管理課程（Advanced Management Program, AMP）開發的，協助進行數星期沉浸式的個人與主管發展。方法如下所述。

想像 15 年後，你替《財星》等報刊雜誌，寫一篇關於你的報導。這篇報導會談到 5 年前，你接連做了幾件事，你的生命軌跡因此出現重大的正面改變。由於此一策略成就，你扮演帶來重大滿足感的角色，你在開始做之前，想不到可以這樣。描述你因為執行什麼樣的計畫，帶來這樣的正面軌跡。

好了之後，想一想你的關鍵關係人。你來往的人最欣賞你做出的哪一項改變？你替自己做出的正面改變，如何連帶讓他們受惠？在報導中描述這點。

文章的主體應該以讚賞的態度，反映出你的個人風格。你如何運用時間──就是字面上的意思，你的日常工作事項上有哪些事？你如何做決定？你把時間與注意力投入哪些活動？你周圍是什麼樣的人？你選擇讓身邊不再出現哪種人？原因是什麼？

在報導的最後一部分，放上你做到以上一切時，你同時有哪些家庭成就。你能談有關於家庭的哪些事？

步驟 5：請別人提供文章建議

如同本章先前談到的關係人導向回饋流程，請別人提供意見，將能協助你把這篇文章寫得更好、立論更強。另一項用途是那些關係人通常能協助你讓文中說的事成真！不時回顧這篇報導，尤其是當你做重大決定的時候，那有可能是個人的轉折點。

這篇未來報導能帶來的影響

以下的報導節錄自《華頓雜誌》（*Wharton Magazine*），談完成你的這篇未來報導可以如何成為人生的催化劑。文中的主角是華頓高階管理課程的學生：

> 當時是 2009 年的半夜——在五星期高階管理課程的尾聲……巴崔（Olivier Bottrie）讓一場短暫的惡夢，變成人生夢想的基礎。
>
> 巴崔是紐約化妝品龍頭雅詩蘭黛（Estée Lauder）的高階主管。他剛入睡半小時左右，突然驚醒，在凌晨一點坐了起來——他突然想起還沒做課程的最後一份功

課。他應該要模仿《財星》雜誌，寫一篇談自己的介紹，時間設定在 15 年後。他應該列出他的成就，以及他是如何達成自己重視的目標。巴崔在半夢半醒之間奮筆疾書。

「所以我談到我的職涯，不用說，很精彩。」巴崔表示：「談了兩頁半的工作、職業與職涯後，我開始寫別的事。」

巴崔寫下在兩年後的 2011 年，他將成立「大腦訓練」（The Brain Train）基金會，吸引到億萬富翁比爾・蓋茲捐款。基金會在 2013 年成立第一間學校，地點是他妻子的故鄉海地。到了 2025 年，他的基金會一共教育全球 15 萬名學生。

6 年後，由於海地發生地震死亡悲劇，巴崔在那個無眠的夜晚寫下的東西，以意想不到的方式進一步成真。2011 年 10 月，巴崔和慈善夥伴在海地的聖馬克（Saint Marc）成立非營利的「讓・巴蒂斯特・波因特・杜薩布爾學校」（Lycée Jean-Baptiste Point du Sable）。聖馬克是孤立的社區，貧窮率高，很少有接受教育的選擇。巴崔認為那次的自我反省練習，讓他原本模糊的概念（替孩子做點事），變成更加明確可行的計畫。

花時間做一下自我反省。你永遠不知道有可能因此發生

什麼事。別忘了替自己的個人職涯，鍛鍊洞燭機先的能力。這些練習將迫使你回顧，找出你走過的路。這是在以很好的新鮮方式，協助你做好準備，更加清楚自己想往哪裡走，以及你是否人在正確的道路上。

旅途的下一步

科學家巴斯德（Louis Pasteur）所說的「機會是留給準備好的人」，經常被引用。我希望這場走過策略轉折點世界的旅程具有啟發性，或許還給了你靈感。你已經知道如何透過可預測的具體步驟，搶先看到下一個重大的轉變。

洞燭機先的第一部分是建立觀點。轉折點不會瞬間出現，而會醞釀一段時間。由於雪從邊緣融化，在明顯知道該採取什麼樣的行動之前，一定要保持開放的心態，好奇正在發生的事。另一種讓你能判斷何時該採取行動的能力，將是留意與詮釋微弱訊號。別忘了要完全從競技場的角度來想事情，不從產業等人為的主題著手，拓寬你尋找的目標與觀察對象。此外，注重外部焦點（external focus）永遠不會錯，也就是說你要關注顧客，而不是假設這世界會以你最想要的方式運轉。

開始採取行動時，你可以採取發現導向的規劃，控制風

險，避免太早替醞釀中的轉折點行動。下小賭注了解情況，嘗試早期的實驗，質疑自己的假設——錯誤的假設將是你最大的敵人。

組織開始回應新轉折點時，接下來的挑戰是讓願意跟著你走的人，數量達到關鍵多數。一個相當實用的方法，將是讓人們把注意力放在未來成功的領先指標。

組織同樣也得在碰上轉折時變身。培養創新精練度將能確保組織不會瓦解，被更能掌握情勢的競爭者追過。

最後，轉折點有可能衝擊個人，影響你該如何領導，「戰時」尤其如此。此外，轉折點也可能是機會，以意想不到的方式，讓你以不同的方式成功，帶來真心想要的人生結果。

好消息是轉折點永遠代表著某個人的機會，沒理由那個人不會是你。

重點回顧

趁早辨識轉折點能帶來正面的個人結果。

關注你或你的組織仰賴的競技場出現的變化，獲取洞見，了解改變有可能如何帶來機會或製造風險。

拓展你的人脈，不待在同溫層，看見原本不會看見的事。

特地請人提供意見回饋，而且要聽進去，想辦法避開沒注

意到的盲點。

　　走出你的大樓，找出不同的觀點，仔細加以研究，帶來好點子。

　　以簡單的方式，就能替自己建立情境與微弱訊號的偵測機制。

　　最成功的職涯道路，通常與培養多元技能有關。一路走來或許曲折，但有可能出乎意料有效。

　　技能有可能以意想不到的方式組合在一起，創造出很大的價值。

　　你可以運用選項與設計思考的原則，規劃接下來的行動。

　　花時間記錄人生的關鍵時刻，回想你的目標、人生心得與目前為止的旅程，你將如虎添翼。

致謝

　　這本書是艱鉅的任務。除了像奧斯卡獎那樣,逐一感謝所有讓本書成真的人士,感謝生命中的人,我感到讓讀者一窺幕後花絮也會很有趣。

感謝生命中的人

　　書是很難相處的東西──也或許該說,正在寫書的作者很難相處。我先生約翰(John)說這是我的「刺蝟期」。最後期限要到了,或是投稿被拒絕,又要重頭開始,我會變成刺蝟。約翰甚至送我一隻可愛的小刺蝟娃娃(幸好上頭沒有尖銳的刺)。當那隻刺蝟擺在家中書桌的一角時,你可不能說我沒警告你。

　　約翰有時比我還支持這本書。當他看出我開始分心,被其他有趣的計畫或雜事吸引,約翰就會問:「書寫得怎麼樣了?」他會提醒我:「這本書不完成不行。」或是當我們討論我該如何運用時間時,他會問:「這本書會如何受到影響?」每位作家的身旁都該有如此熱情的書籍支持者。

其他家人也在我寫書的過程中提供助力。他們掌握分寸，僅稍微表示好奇（問太細節的問題會讓作者陷入『死線』帶來的恐慌），其他則一切如常，令人感到非常安心。我們的孩子麥特（Matt）與安提供非常有趣的洞見。我一路獨自前行時，不曾想過那些問題。安在本書的寫作過程中，正在讀 MBA。她針對個人動機與影響重大的事業決策交會點，提出重要的看法。麥特提出很好的點子，建議可以放進走錯路的公司例子（與原因）。他們兩個人都提醒了我，他們成長的世界，非常不同於我小時候的世界。

我父親沃夫岡·岡瑟（Wolfgang Gunther）近距離看著柯達（Kodak）失敗，也看著全錄（Xerox）最終失去重要地位。他看到企業做糊塗事的報導時會興奮地寄給我，提供大量的寫作素材。雖然在本書出版前，我的母親海格黎安·岡瑟已經去世，我剛開始動筆的時候，她十分鼓勵我。我的雙親都示範了面對重大轉折點時，如何冒一點聰明的險，在走出舒適圈的同時，也建立安全地帶。

我處於寫書模式時，團隊讓事情持續運轉。雷森（Marion Reinson）有一顆聰明的行銷頭腦，負責推動關鍵的計畫。萊恩（Pam Ryan）是天才——她是名符其實的「馬戲團指揮」，讓一切看起來好容易，順暢運轉。如果有旅程安排魔法的諾貝爾獎，卡麗佐（Josette Carrizzo）應該拿到這個獎。此外，今日我們還請了布朗（Theresa Braun）、安

德魯（Christine Andrewes）、皮瑞拉（Missy Pirrera），協助讓這本書問世。

我一定得向我們的「鍛鍊家族」致意，要不然就太失禮了。鍛鍊時尚健身房（Forge）由莫司寇（Jack Molesko）創辦，合夥教練包括卡夏（Ryan Carsia）與史萬（Rebecca Swan）。我的好友艾蓮（Eileen）認為，我和約翰會想和他們一起健身，的確如此！我們每星期去三、四次，那裡的教練和其他的成員，一起走過了本書的曲折道路。伏案工作後能休息一下真是舒服。

哥倫比亞商學院的優秀同仁提供大量的鼓勵、加油打氣與支持。能多年身為這個組織的一員是我的榮幸。此外，我們的高階管理教育客戶的對話與討論，讓本書的例子得以豐富起來。在此特別感謝葛曼（Trish Gorman），她對於各式各樣的策略十分感興趣，強調在「正確時刻」做出策略選擇的重要性。

關於成書的故事

本書延續了我的第一本個人著作《瞬時競爭策略》。該書主張如果無從仰賴持久的競爭優勢，你將得持續創造出新優勢，不斷推陳出新。這種說法有點挑戰了正統的策略學說，不過許多人表示相較於策略教科書談的事，那本書更符

合他們實際面對的世界。

　　時間回到 2016 年初，當時我在《哈佛商業評論》的編輯梅里諾（Melinda Merino），最先成為這本我個人的第五本著作的推手。她談到很多人在談思考策略與創新的新方法，但依舊相當缺乏連貫的講法。如她所言：「我們談生態系統、平台、數位、精實、敏捷等等，但依舊讓人感到實在是不知道該如何著手……人們開始意識到環境已經完全改變，我們需要某種能了解狀況的方法。」她建議或許續寫《瞬時競爭策略》能解決部分的問題。

　　我因此大量閱讀本書正文提到的資料。即便如此，要讓寫書點子的種子化為紮實的寫書提案，依舊有很長的路要走。我們的財務規劃師與好友威爾（Martin Weil），恰巧寄了一篇文章給我，標題是〈當你改變了世界而沒人注意到〉（When You Change the World and No One Notices），**[1]** 轉折點的核心概念就此在我心中具體起來。那篇文章提到萊特兄弟首航過去三年多後，《紐約時報》才提及。過了近五年後，兩人的創舉重要性才被更多人知道。我心想：**哇！如果把這個世界會花很長一段時間才真正改變，加上葛洛夫的策略轉折點概念，將是十分有趣的起點。套用海明威小說《太陽依舊升起》中邁克的話，轉折點的發生「先是漸漸的，接著突然發生」，帶給及早看見的人機會。**

　　我在 2016 年接下來大部分的時間，試著串起各種筆

記，讓它們成形，但一直兜不起來。在此同時，我的生活中發生的事，還有我和演講經紀公司 Leading Authorities 的團隊建立起非常良好的合作關係。弗蘭區（Mark French）、瓊斯（Matt Jones）與佛斯特（Rainey Foster）大力推動我前一本書。麥特提到他們正在與出版經紀公司羅斯‧尹（Ross Yoon）結盟，我感到聯絡他們是好點子，在 2017 年 1 月執行。我和羅斯‧尹的經紀人兼社長霍華德‧尹（Howard Yoon），兩個人一拍即合，同意一起合作。我有點擔心我在那個階段的「東西」，還只是五花八門的材料，但霍華德說沒關係，把「數據堆」寄給他就好。

霍華德太厲害，他聰明、直率、誠實、直言不諱，精準抓出文章出色的地方，協助你捨棄其餘的部分（喔，我一堆亂七八糟的東西被砍掉……）。這個寫書計畫的重大轉折點，出現在霍華德請我以 PowerPoint 的簡報形式處理整本書。我想他有點受夠費力地讀我的文字——這是打字太快的缺點。我不得不把長篇大論，濃縮成簡短的簡報形式，這點大力推動了寫作過程。我們開始抓到節奏。霍華德給我「出作業」，我會盡力完成，過了一年多後，我們有了他感到可以繼續進行的東西。

接下來是與 HMH 出版社（Houghton Mifflin Harcourt，HMH）交涉，與我的編輯瑞克‧沃夫（Rick Wolff）密切合作。我非常感謝瑞克，他是讀者的堅定支持者。他和霍華德

一樣，提出坦率但自然很有幫助的建議。書中有一章，我不確定我們兩個人有誰能搞定，但最終得出雙方都滿意的結果。瑞克，我不知道該如何感謝你才好。

　　HMH 團隊其餘的成員是重要的出版推手。宣傳部的葛雷澤（Lori Glazer）與崔恩特（Michelle Triant）用我自己絕對想不到的點子，完整安排全面的推廣（誰想得到本書會有特殊的女性視野？）行銷部的波那曼（Brooke Borneman）與亞馬西塔（Brianna Yamashita），一下子抓住本書的基本「風格」，提出合適的行銷素材。恩格（Debbie Engel）處理「附屬權」的部分——與其他語言的出版社簽訂合約，在其他地區翻譯與行銷這本書。協商的過程無法預料，我們猜測各國的誰會對哪部分感興趣時，不僅一次哈哈大笑。齊莫爾（Katie Kimmerer）監督本書的製作。身為作者的你除了寫完書，不會真的知道出書還有其他非常複雜的流程。蘇麗文（Michaela Sullivan）負責封面設計，我必須說她的作品太精彩。她不僅想出一個我們全都喜歡的設計，而是整整想出三個！編輯部的麥金尼（Rosemary McGuinness）高度專注於處理細節，孜孜不倦把腳註放在所有正確的位置。

促成本書的相關人士

　　當然，一本書不會光有技術的部分，還得有實質的洞見

與故事。我要感謝眾人提供真實人生的故事與靈感，讓這本書生動活潑。麥馬納教我很多事，將策略、創新與數位轉型連在一起，和他合作很愉快。我們目前忙著找出如何協助組織同時培養能力與處理轉折點。

鮑伊（Ron Boire）從零售的前線，以及推動大型組織所需的實務活動出發，提供深刻的洞見。席寇基、齊默曼（Tracey Zimmerman）與 Robots & Pencils 的團隊在策略和創新工具方面，協助我們設計與自動化。我們很幸運能遇上其他的許多合作夥伴，他們每一個人都在策略與創新挑戰的某個面向，具備厲害的天賦。Strategyzer 的奧斯瓦爾德、Solve Next 的伯恩（Mike Burn）與蓋爾（Greg Galle）、Engage/Innovate 的藍根（Christian Rangen）、Outthinker 的克里彭多夫（Kaihan Krippendorff）、Mach49 的琳達‧葉慈（Linda Yates）與大膽加速者、Innosight 的團隊以及其他許多人，全是最優秀的共同創作者與夥伴。

此外，我萬分感激能加入各種作家與思想家社群。Silicon Guild 的同仁帶來眾多啟發，我很榮幸能加入他們。葛史密斯與他的「100 教練」團隊（100 Coaches）致力於協助客戶進步，也協助彼此成長與發展。史特勞布（Richard Straub）（感覺上）赤手空拳建立活躍的思考者社群，向傳奇大師杜拉克致敬，每年在維也納舉辦杜拉克論壇（Drucker Forum）。那是我和約翰每年要朝聖的地方。此

外，我們享受 Thinrers50 每兩年舉辦一次的年度盛事。

最後我要感謝提供故事的人士，他們給了我洞燭機先與趁早抓住轉折點的靈感，我萬分感激。

國家圖書館出版品預行編目（CIP）資料

策略轉折點競爭優勢：建立弱訊號敏感度，掌握策略自由度，
突破產業框架，搶先在新的競技場創造成長 / 莉塔・岡瑟・麥
奎斯 (Rita Gunther McGrath) 著 ; 許恬寧譯 . -- 第一版 . -- 臺北
市 : 天下雜誌股份有限公司 , 2022.08
320 面 ; 14.8×21 公分 . -- (天下財經 ; 472)
譯自 : Seeing around corners : how to spot inflection points in
　　　business before they happen
ISBN 978-986-398-804-5(平裝)
1.CST: 策略規劃 2.CST: 策略管理
494.1　　　　　　　　　　　　　　　　　111011865

天下財經 472

策略轉折點競爭優勢

建立弱訊號敏感度，掌握策略自由度，突破產業框架，搶先在新的競技場創造成長

SEEING AROUND CORNERS : How to Spot Inflection Points in Business Before They Happen

---

作　　者／莉塔‧岡瑟‧麥奎斯（Rita Gunther McGrath）
譯　　者／許恬寧
封面設計／FE 設計
內頁排版／林婕瀅
責任編輯／吳瑞淑

天下雜誌群創辦人／殷允芃
天下雜誌董事長／吳迎春
出版部總編輯／吳韻儀
出 版 者／天下雜誌股份有限公司
地　　址／台北市 104 南京東路二段 139 號 11 樓
讀者服務／（02）2662-0332　傳真／（02）2662-6048
天下雜誌 GROUP 網址／ http://www.cw.com.tw
劃撥帳號／ 01895001 天下雜誌股份有限公司
法律顧問／台英國際商務法律事務所‧羅明通律師
製版印刷／中原造像股份有限公司
總 經 銷／大和圖書有限公司　電話／（02）8990-2588
出版日期／ 2022 年 8 月 31 日第一版第一次印行
定　　價／ 450 元

SEEING AROUND CORNERS

Copyright © 2019 by Rita McGrath
Published by arrangement with Houghton Mifflin Harcourt Publishing Company
through Bardon-Chinese Media Agency 博達著作權代理有限公司
Complex Chinese copyright © 2022 by CommonWealth Magazine Co., Ltd.
ALL RIGHTS RESERVED

書號：BCCF0472P
ISBN：978-986-398-804-5（平裝）
直營門市書香花園　台北市建國北路二段 6 巷 11 號　（02）2506-1635
天下網路書店 shop.cwbook.com.tw
天下雜誌我讀網 books.cw.com.tw/
天下讀者俱樂部 Facebook www.facebook.com/cwbookclub

本書如有缺頁、破損、裝訂錯誤，請寄回本公司調換